零基础玩转短视频吸粉引流

郭绍义 胡雪铌 著

天津出版传媒集团

天津科学技术出版社

图书在版编目（CIP）数据

零基础玩转短视频. 吸粉引流 / 郭绍义，胡雪铌著.
—— 天津：天津科学技术出版社，2025. 4. —— ISBN 978-7-5742-2835-1

Ⅰ. TN948.4；F713.365.2

中国国家版本馆CIP数据核字第20250TH823号

零基础玩转短视频. 吸粉引流
LINGJICHU WANZHUAN DUANSHIPIN. XIFEN YINLIU

责任编辑：杜宇琪

出　　版	天津出版传媒集团 天津科学技术出版社
地　　址	天津市西康路35号
邮　　编	300051
电　　话	（022）23332695
网　　址	www.tjkjcbs.com.cn
发　　行	新华书店经销
印　　刷	水印书香（唐山）印刷有限公司

开本 670×950　1/16　印张 12　字数 110 000
2025年4月第1版第1次印刷
定价：49.80元

前言

　　短视频是时下最热门的社交媒体形式之一。它凭借短暂的时长、精炼的内容、丰富的创意、极快的传播速度、较低的门槛等特点，迅速火遍全球，给人们的学习、工作和生活带来了巨大的变化。短视频的受众十分广泛，这也带来了巨大的流量财富。许多短视频创作者因此受益，甚至实现了财富自由。但是，短视频领域的竞争也十分剧烈，到处充满着挑战。如果你想在这个领域脱颖而出，吸引更多的粉丝并实现引流，那么这本书将会为你提供一些参考。

　　本书通过通俗易懂的文字和实用的技巧，为你揭开短视频世界的奥秘。从认识短视频行业和不同平台，到短视频的创作和运营，本书涵盖了短视频创作者感兴趣的各个方面。你将学习到如何选择合适的主题、创造吸引人的视觉效果、编写引人入胜的文案，以及利用社交媒体和其他渠道对短视频进行有效地推广。不仅如此，本书还分享了一些成功案例和进阶技巧，以及针对时间节点的吸粉策略，帮助你避开常见的陷阱并快速提升自己的技能。通过学习本书，你将收获在短视频领域快速吸粉引流的宝贵经验，这无疑可以使你在短视频领域脱颖而出。

不要再犹豫了！无论你是想成为一名专业的短视频创作者，还是希望通过短视频为自己的业务引流，本书都是不可错过的实践指南。让我们一起开启短视频创作之旅，吸引更多的粉丝，实现自己在短视频领域的成功！

另外，我要在此由衷地感谢对于本书撰写和素材收集提供帮助的各位好友：秦婵、褚俊峰、施晓婷、吴咏薇、黄胜雪、巴图蒙赫、刘冯实、朱怡品，没有各位的帮助和支持，本书的撰写将会困难许多。同时，也感谢出版社和编辑能够让我的短视频创作和运营经验通过这本书展示并分享给大家。最后，祝愿读者们通过阅读此书，能够快速实现短视频账号的吸粉引流，成为优秀的短视频从业者。

目录

第1章 认识短视频和自媒体

1.1 短视频的概念与特点 …………………………… 002

1.2 短视频爆火的原因 ……………………………… 006

    1.2.1 短视频爆火的背景因素 ………………… 007

    1.2.2 短视频爆火的人为因素 ………………… 008

1.3 主流短视频平台介绍 …………………………… 010

    1.3.1 抖音 ……………………………………… 010

    1.3.2 快手 ……………………………………… 011

    1.3.3 小红书 …………………………………… 012

    1.3.4 微信视频号 ……………………………… 012

    1.3.5 哔哩哔哩 ………………………………… 013

1.4 自媒体与短视频之间的联系 …………………… 015

1.5 短视频行业的发展前景 ………………………… 017

第 2 章 不同平台的用户特点和算法机制

2.1 短视频平台的用户分析 …………………… 022

 2.1.1 系统地了解用户分析的作用 …………… 022

 2.1.2 不同平台的用户定位 …………………… 023

2.2 了解算法 …………………………………… 027

 2.2.1 什么是短视频算法机制 ………………… 027

 2.2.2 什么是用户画像 ………………………… 029

 2.2.3 短视频算法机制的作用 ………………… 030

2.3 热门短视频平台的算法机制 ……………… 032

 2.3.1 抖音的算法机制 ………………………… 032

 2.3.2 快手的算法机制 ………………………… 041

 2.3.3 小红书的算法机制 ……………………… 042

 2.3.4 微信视频号的算法机制 ………………… 046

 2.3.5 哔哩哔哩的算法机制 …………………… 050

第 3 章 做好前期的准备

3.1 了解风格和定位 …………………………… 054

3.1.1　风格 …………………………………………… 054

3.1.2　定位 …………………………………………… 058

3.2　找准自己账号的定位 ………………………………… 062

3.2.1　在自己擅长的领域发挥个人特长 …… 062

3.2.2　了解短视频的不同类别 ……………… 063

3.3　找准符合自身风格的赛道 …………………………… 070

3.4　寻找同赛道中的对标账号 …………………………… 073

3.4.1　什么是对标账号 ……………………… 073

3.4.2　寻找对标账号的方法 ………………… 075

3.5　模拟账号定位分析 …………………………………… 077

3.6　选择合适的短视频发布时间和频率 ………………… 080

第 4 章　吸引人的短视频创作技巧

4.1　选择合适的主题 ……………………………………… 084

4.2　制作有吸引力的标题和封面 ………………………… 090

4.2.1　制作爆款标题的方法 ………………… 090

4.2.2　封面 …………………………………… 096

4.3　短视频内容的创作 …………………………………… 102

4.3.1　起承合 …………………………………… 102

4.3.2　峰值定律 ………………………………… 106

4.4　抓住时下热点的技巧 …………………………… 108

4.5　重视短视频的拍摄与剪辑 ……………………… 110

4.5.1　短视频的拍摄注意事项 …………………… 110

4.5.2　短视频的剪辑注意事项 …………………… 115

4.6　利用关键词和标签提高曝光率 ………………… 118

4.7　避开禁忌与违规内容 …………………………… 120

第 5 章　通过运营吸引流量的技巧

5.1　打造独特的人设与风格 ………………………… 124

5.1.1　人设与风格的重要性 ……………………… 124

5.1.2　如何打造人设与风格 ……………………… 126

5.2　互动的技巧 ……………………………………… 129

5.2.1　与观众互动 ………………………………… 129

5.2.2　一人多号 …………………………………… 134

5.2.3　双边互动 …………………………………… 135

5.2.4　参与平台活动 ……………………………… 135

5.3 适合商家的引流技巧 ·················· 137

5.4 成功的短视频创作者案例分享 ············· 139

  5.4.1 美食类短视频创作者成功案例 ········ 139

  5.4.2 搞笑类短视频创作者成功案例 ········ 140

  5.4.3 生活类短视频创作者成功案例 ········ 141

  5.4.4 影视解说类短视频创作者成功案例 ···· 143

  5.4.5 品牌方短视频创作者成功案例 ········ 144

第 6 章 玩转短视频的进阶内容

6.1 优化呈现质量 ······················· 148

  6.1.1 提升拍摄水平 ·················· 148

  6.1.2 提升剪辑技巧 ·················· 149

6.2 精通故事叙述 ······················· 151

6.3 保持内容连续 ······················· 155

6.4 学会分析数据 ······················· 157

6.5 多平台引流 ························ 159

6.6 巧用 AI 工具 ······················· 162

6.7 付费流量推广 ······················· 165

第 7 章　特殊时间节点吸粉策略

7.1　春节吸粉策略 …………………………… 170

7.2　情人节吸粉策略 ………………………… 173

7.3　端午节吸粉策略 ………………………… 175

7.4　中秋节吸粉策略 ………………………… 177

7.5　其他时间节点吸粉策略 ………………… 180

第1章 认识短视频和自媒体

　　时代飞速发展，自媒体行业应运而生，短视频已然成为当今快节奏生活方式下主要的社交、消遣方式，人们热衷于在各大自媒体平台用短视频分享日常。本章将着重探究短视频的概念和特点、短视频爆火的原因、主流短视频平台的特点、自媒体和短视频之间的联系以及短视频行业的发展前景等一系列内容。只有清晰地认识短视频和自媒体，我们才能更加自如地运用相关技能，成为一名真正的自媒体人。

1.1 短视频的概念与特点

短视频,即短片视频,是一种在互联网新媒体渠道传播的视频,时长通常在 15 秒到 3 分钟之间。短视频由于时间短、内容简明扼要而被大众喜爱,是一种新颖的、接受度高的、大众化的传播途径,也是一种依附于新型传播媒介而存在的记录形式。随着互联网和通信技术的普及与发展,短视频的依托载体更加多样化,呈现给观众的内容也更加多元化。

中国互联网络信息中心发布的第 54 次《中国互联网络发展状况统计报告》显示:截至 2024 年 6 月,我国短视频用户规模已达 10.50 亿,占整体网民规模的 95%。短视频为何如此受大众欢迎?这主要是因为它具备以下几个特点。

❶ 时长短暂、内容精炼

短视频最明显的特点就是时长相对短暂，仅通过几秒钟或几分钟就能概括重点，迅速吸引观众的注意，激起观众的兴趣，强化观众的印象。

当今时代的节奏很快，视频想要迅速获得关注，内容一定不能拖泥带水、废话连篇。短视频的内容往往精简概括，时间很短，信息量却很大，因此能迅速吸引观众。

❷ 创意娱乐、传播迅速

创意性与娱乐性可谓是短视频的一大特色。一个好的创意或一个有趣的、有娱乐效果的点子，是让短视频被人们关注的第一步。此外，短视频"病毒式"的传播方式和传播速度，正好与这个飞速发展的时代相匹配。

❸ 容易上手、快速入门

相较于传统视频，短视频大大降低了生产与传播的门槛，实现了生产流程简单化，甚至创作者利用一部手机就可以完成拍摄、制作、上传与分享的全过程。因此，人人都可以制作短视频，不需要多么专业的知识和技术，只要愿意尝试，就能做好这件事。

4 精确性高、互动性强

如今因为大数据算法的应用,短视频平台会根据每位用户的喜好,精准地投放用户可能感兴趣的内容,也就是所谓的"猜你喜欢"。因此,喜欢相同话题或相同风格的短视频用户更容易被聚到一起,并通过点赞、评论、转发等操作产生更多的交流与互动。

(1)占据主动,信息推送

传统的长视频或图文公众号都需要用户主动选择并打开才能够观看,而短视频不同,目前主流的短视频平台都能够通过大数据算法实现精准推送,让用户只需用手指在手机屏幕上滑动就可以看到大数据推送的短视频,省去了选择的时间。平台从被动变为主动,让用户在相同时间内获得的信息变得更多。

(2)符合用户特点,接受度高

一般的图文信息或长视频,远不如一条短视频更容易让人接受。图文信息展现出来的只有文字和图片,没有声音,不足以吸引用户停留;而长视频不符合用户利用碎片化时间获取信息的趋势。因此,短视频是一种更容易被人接受的新媒体传播方式。

（3）广告青睐，收益更高

不论是传统媒体还是新媒体，能够产生收益的方式都是吸引到的流量或品牌方的广告投放。在流量方面，短视频因为时长短和强制推送机制，比其他媒体传播方式更容易吸引到流量。在广告方面，无论是图文信息还是长视频，都是在末尾或中间插入广告，放在末尾的广告有可能因为用户中途放弃浏览而不被看见；放在中间的广告则有可能导致用户反感而中途放弃浏览。而在短视频中，虽然往往也是把广告放在中间，但是由于占用时间短，广告的完播率更高，广告收益也更加丰厚。

1.2 短视频爆火的原因

有研究表明,大脑在接收信息时,处理图像信息的效率远高于处理文字信息。短视频时长短、信息丰富,容易满足大众潜意识的需求,更受大众喜爱。与文字相比,短视频的内容也会在大脑中更加直观地显现,因此深受网民喜爱,并成为当代网络传播内容的主力之一。除此之外,短视频诞生的背景更是其爆火的重要原因。现如今,信息呈现碎片化趋势,快节奏的生活方式也使得"快餐式"获取信息成为必然。比起需要思考的阅读,又有谁会拒绝这种几分钟内就能快速获取知识或信息的便捷方式呢?接下来,我们将从背景因素和人为因素两个方面来探讨目前短视频爆火的原因。

1.2.1 短视频爆火的背景因素

❶ 信息技术高度发达

目前,移动互联网迅速发展,信息技术的高度发达为短视频提供了最基本且合适的生存条件,人们可以随时随地享受便捷的网络生活。并且,智能手机不断更新迭代,具备的功能更加强大,人们可以随时随地打开手机浏览信息、拍摄短视频、分享日常。

❷ 快节奏生活的影响

进入21世纪,科技的进步提高了人们处理事务的效率,在这种时代背景下,人们经常处于多任务同时处理的状态,生活节奏也随之变快。短视频恰恰以其短暂的时长、精炼的内容等特点,满足了人们在快节奏生活中的娱乐、学习和接收信息等需求。

❸ 碎片化时间中的慰藉

碎片化时间是指在日常生活中较短的时间,如午休、吃饭、排队、乘坐交通工具等过程花费的时间。这些零散时间

很难让人静下心来专注去做某件事或进行深度思考。并且，当今时代背景下的人们大多身兼数职或身负多事，压力较大，因此，很多人会选择在碎片化时间里面通过刷短视频放松心情，或者进行短暂的信息交互，释放自身的压力。

❹ 社交媒体平台的兴起

如今，一系列社交媒体平台，如抖音、快手、小红书、微信视频号、哔哩哔哩等的出现，为人们提供了虚拟的社交空间，人们足不出户就能与大江南北的人交朋友，拓宽了社交渠道，同时能领略不同地域的风土人情，增长见识。各大社交媒体平台都非常重视短视频领域，因此，人们越来越习惯于使用短视频在社交媒体平台上记录与分享生活。

1.2.2 短视频爆火的人为因素

❶ 社交互动和分享需求

短视频平台鼓励用户对短视频进行评论、点赞和分享，这刚好迎合了人们想要与他人互动的心理。在短视频平台，人们可以在刷到的短视频下方进行评论，分享自己的观点和看法，拉近了人与人之间的距离，满足了人们最基本的社交需求，这也成为短视频发展的良好基础。

❷ 对新鲜事物的追求

当今社会中的网络主力军多是"90后""00后"的年轻人，他们对于新鲜事物的接受度和包容度更高，喜欢分享，喜欢展示，对于新事物更有兴趣，更愿意尝试、体验。毋庸置疑，短视频作为一种门槛较低的新兴信息载体，非常受年轻人喜欢。

❸ 普遍弱化的注意力

在这个信息爆炸的时代，零散的、繁杂的信息使人们的注意力持续弱化，很难长时间专注于某一事情。而短视频的出现，让人们在短短几分钟甚至十几秒的碎片时间里就能接收大量信息，无须长时间集中注意力。对于这种方式，大多数人的看法是：何乐而不为呢？

❹ 实现价值收益

众所周知，现今的短视频平台大多可以将数据流量转化为收益，越来越多的人把经营短视频账号作为自己的事业。不仅创作短视频可以带来收入，观看短视频同样也能获得收益，这既可以满足人们娱乐消遣的需求，又可以促进大众消费和自发传播。

1.3 主流短视频平台介绍

1.3.1 抖音

抖音，是一款集短视频分享、社交沟通、网络商城等功能于一体的热门、流行的社交媒体软件。用户可以通过短短十几秒钟到几分钟的短视频分享生活、展示才艺、输出知识……短视频的内容涵盖了尽可能多的领域与元素，并根据用户喜好为其合理推送短视频，使短视频创作者与目标用户精准匹配，并产生互动。

抖音作为目前国内用户人数最多、用户活跃度最高的短视频平台，其头部达人收益很高，对于创作者的吸引力是很大的。因此，新的创作者如果想要在抖音发展的话就要做好充分的准备。

抖音不仅有清晰明了的界面和强大的功能，而且积极创新，拓展业务范围，从创建至今已经扩展出直播区域、网络商城等一系列板块，真正实现了用一个社交软件满足用户多方面的需求。总体来说，抖音在现阶段短视频行业处于重要地位，是极具影响力的社交平台，为人们提供了一种新的生活方式。

1.3.2 快手

快手和抖音在现今的短视频行业都具有重要地位，二者的本质类似，都是为创作者提供展现自我的平台和交流的空间。相较于抖音，快手内容更加多元化，覆盖范围更广，提供的商业化机会更多。但是受平台早期定位的影响，快手更偏向于低龄化和老龄化，年轻人大多对快手有一些刻板印象。

但是，快手也有自己的优势，比如，快手限制的领域和题材较少，给予了用户更多的空间，让用户可以在更加广泛的领域中展现自我。

1.3.3 小红书

小红书在创立之初的定位就是打造一款分享生活方式、生活好物、推荐优质内容的社交软件。用户可以创立自己的主页，在里面发布好物分享、经验交流等不同类型的笔记，既可以是图文形式，也可以是短视频形式，并与其他用户进行有效的信息交互。另外，小红书还可以开设店铺，创建群聊，实现买家与卖家的及时沟通。

需要注意的是，小红书的用户群体和创作的内容相对偏向于女性。并且，小红书的审核机制相对严格，致力于为用户创建一个可信赖的平台，提供更有价值的信息。小红书注重正能量的传播，会严格控制具有浓重商业化气息以及散播消极负面情绪的笔记，这也使得人们更愿意在这个平台浏览、搜索相关信息。

1.3.4 微信视频号

微信视频号，是微信开发出来的短视频创作平台。不同于其他短视频软件，微信视频号是依附于微信的一个衍生品，注重于实现微信内部的交流互通，以此形成闭环，打造属于微信自身的生态空间。并且，由于微信视频号背靠微信这个用户数量庞大的社交软件，因此微信视频号为创作者带来的流量是毋庸置疑的。

此外，微信视频号最大的特点就是对真实性和原创性的保护。用户在微信视频号内发表内容必须进行实名制认证，这也能为平台筛选出更多优质的内容。另外，微信视频号可以发布 9 张图片或一段视频，这种图文结合的方式能增强其与朋友圈、公众号的联动性，促使用户发布更多高质量的内容。而且，微信视频号的商业化限制比其他短视频软件更少，因此用户发布短视频后，进行商业合作的机会更多，变现的可能性也更大，这也更能激发创作者的动力，为平台增添活力。

1.3.5 哔哩哔哩

哔哩哔哩（英文名称为"bilibili"，简称 B 站），是中国知名的实时弹幕视频直播网站，始创于 2009 年，创立之初以原创视频、综艺、动漫、音乐、游戏等为主要内容。用户在观看视频时，以弹幕的形式实时发表自己的观点、看法，实现用户间的实时交流互动，仿佛是在和朋友观看视频并实时交流，拉近了彼此的距离，让用户更愿意分享观点或看法。

随着时间的推移，哔哩哔哩也在不断优化更新，推出了短

视频模块,并保留了弹幕功能,让用户能够更加沉浸地观看短视频,也在一定程度上刺激了创作者的热情。另外,哔哩哔哩有别于其他短视频平台的特点还有它推出了一系列的专区,如游戏运营、漫画欣赏等,这一特别之处也使得哔哩哔哩在短视频领域占据一席之地。

1.4　自媒体与短视频之间的联系

2003年7月，两个美国人明确提出了"We Media"这个概念，中文翻译为"自媒体"，并且对这一概念进行了非常严谨的定义。自此之后，"自媒体"这一概念正式走进大众的视野和生活。

简单来说，自媒体就是普通大众通过网络等途径将自己的所见所闻所想发布到媒体平台的一种传播方式。现在的自媒体平台多种多样，主要有图文类、视频类、音频类和直播类等。

图文类自媒体平台包括早期的博客、微博，现在的今日头条、百家号等。

视频类自媒体平台有抖音、快手、小红书、微信视频号、

哔哩哔哩等。

音频类自媒体平台有喜马拉雅和各种播客平台等。

直播类自媒体平台有斗鱼直播、虎牙直播等。

随着自媒体的发展，其形式越来越多样化，几乎每个人都可以在自己喜欢的平台上发布作品和见解。

自媒体与短视频属于包含关系，自媒体是短视频的生产主体之一，而短视频是自媒体众多呈现形式中的一种。随着科技的发展，智能手机已经可以取代电脑、电视等设备用于接收信息，人们的休闲时间越来越碎片化，而短视频恰好完美地契合移动互联网技术的发展和人们的需求，更符合现代生活的节奏。因此，如今"自媒体"和"短视频"这两个概念在大众眼里已经基本被画上等号了。

1.5 短视频行业的发展前景

如今,短视频行业作为一种新兴的产业,正在蓬勃发展,具有巨大的潜力和良好的前景,具体包括以下四个方面。

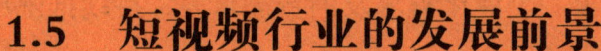
市场规模不断扩大

曾经有多家相关机构预测,短视频行业的用户数量和市场规模会在未来几年内持续扩大。而在现实生活中,我们也能够看到自己身边的人中,大多数的业余消遣就是刷刷短视频。我国短视频用户规模目前已经超过 10 亿,如此大的用户基础势必引导市场不断为之变化,这也是短视频行业能够快速发展的原因之一。

2 用户需求不断增加

对于短视频行业来说，巨大的用户规模产生的需求也是日益增加的。短视频平台要不断满足广大用户的娱乐需求、内容需求、社交需求、个性化需求及消费需求等，持续推陈出新，完善运营机制，并激励创作者不断创新，产出更加优质的内容。

3 商业价值越发丰厚

随着用户规模的不断扩大，在这个流量为王的时代，短视频平台的商业价值，尤其是广告方面的价值也大幅提升。在巨大流量的诱惑下，许多商家在短视频宣发方面投放的资金也是逐渐增长的，这也进一步提高了短视频行业的商业价值。

4 各行各业不断融合

短视频行业快速发展，如今已跃升为视听产业的主力军，各个短视频平台也都推出了各自的"短视频+"政策，鼓励创作者在内容的创作上和各行各业融合。同时，直播带货、图文讲解带货和广告等形式也在不断地促进短视频和各行各业的融合。

短视频行业作为新兴的、正在蓬勃发展的行业，是正在不断变化和发展的，那我们作为创作者应该如何跟上这种变化和发展呢？

❶ 关注行业动态

在创作之余，我们可以多关注短视频领域的最新趋势和发展，比如，看看不同平台的热榜，多多了解短视频的最新技术和创意。

❷ 学习新技术

作为创作者，我们不仅要注意到外在的变化，更要注重自己的提升，多锻炼视频剪辑的技术，学习特效的制作，提升自己的创作能力。

❸ 与其他创作者交流

在创作过程中，我们可以多和其他的创作者进行交流，一起讨论市场趋势，分享创意和创作技巧，了解市场需求。

❹ 尝试新平台

多多尝试新平台，了解不同平台的用户特点和市场需求，也可以借鉴不同平台的热点内容，增加自己的经验。

5 重视用户的反馈

市场终究还是消费者的市场,因此,我们应该多关注用户的反馈和建议,根据他们的需求来不断地改进自己的作品。

第 2 章　不同平台的用户特点和算法机制

如今，不同的短视频平台虽然都是以短视频为主要运营发展方向，但是在用户特点和算法机制上各有不同。本章将介绍不同短视频平台的用户特点和算法机制，帮助我们更好地选择适合自己的发展平台。

2.1 短视频平台的用户分析

对于短视频创作者而言，想要获得更高的关注度，用户分析是必不可少的环节。创作者只有先系统地了解用户，并进行合理、有效的用户分析，进而根据不同的短视频平台有效地调整短视频的着重点，才能吸引更多用户观看。

2.1.1 系统地了解用户分析的作用

目前，短视频已成为许多网民接收信息的重要渠道，而短视频平台的兴起也是依托于移动互联网的发展以及数量日益增长的网络用户。通过分析对目标用户有一定的了解后，我们就可以从其喜好、浏览场景等方面出发，有侧重地拍摄、剪辑内容。

比如，我们要做一个音乐类短视频，我们的目标用户可能是"95后""00后"这样的年轻一代，他们是更喜欢流行乐，还是更喜欢古典音乐？他们大多在什么场景下浏览短视频？是乘坐交通工具时，还是午餐闲暇时？了解目标用户的喜好，分析其需求，并以此为核心，有针对性地制作短视频？能使我们在吸粉引流的路上事半功倍。

用户分析越精确，我们对短视频账号的内容规划和发展方向就越明确，并能规避方向上的错误。比如，小红书的用户以女性为主，我们如果在这个平台上发布一些与篮球、赛车相关的笔记或短视频内容，自然流量获取就会较少。因此，只有有效地了解各个平台的用户定位，有针对性地发布短视频，才能实现真正地吸粉引流。

2.1.2 不同平台的用户定位

不同的短视频平台有着各自不同的用户定位，因此作为新手，最好选择一个最合适的平台发展，这样可以方便新手更快地做出成绩。下面，我们具体讲解一下几个主要短视频平台的用户定位。

❶ 抖音

抖音平台的内容以用户分享各种精彩日常生活为主，用户规模庞大，不仅男女比例均衡，且年龄分布均匀，覆盖青少年至中老年等各年龄段，真正实现了全民参与。

抖音平台的短视频比较泛娱乐性，在这个平台中，用户更加偏好一些能带来爽感的快节奏内容。如果你有较强的创作能力，并且有信心能够在剧烈的竞争中脱颖而出，那么，抖音对于你来说就是非常不错的选择。

❷ 快手

快手也是一个全民参与的短视频平台，但是它的用户分布范围更加广泛，市场更为下沉，用户以三线及以下城市的小镇青年为主。快手致力于成为一个集休闲娱乐、交流咨询为一体的短视频平台，营造出一种真实、普惠、接地气的氛围。

此外，快手的用户与创作者之间黏性较强，信任感更足。因此，如果你创作的短视频足够创新，可以博取用户的眼球，或者你追求一种真实性，创作的内容接地气，不妨尝试这个平台。

❸ 小红书

小红书的宣传语在不断变化，但是无论是之前的"标记我的生活",还是如今的"2亿人的生活经验,都在小红书",都足以证明小红书是一个分享平台,内容也以分享生活方式、生活经验为主。

小红书的用户中,女性占比高达70%,并且以18~35岁的年轻人为主。小红书的内容相对来说更加大众化,从最初的以"美妆"这一单一领域为主,拓展到目前的美食、母婴、家居、宠物、健身、旅游等多领域。这个国内最大的"种草"平台,提供给新人的机会很多,也比较公平,因此,对于新手来说,美妆类、生活经验类、穿搭类、好物分享类、星座性格类、旅游类等类型的短视频都是在小红书平台上不错的选择。

4 微信视频号

微信视频号,拥有微信自身规模庞大的用户群体,年龄、性别和城市划分不明显。许多微信用户也是微信视频号的潜在用户,尤其是未被抖音、快手"收割"的中年用户。微信视频号的内容包含资讯、娱乐、知识等各个方面,营造出了一个开放真实的表达空间。

微信视频号相对其他几个主流平台更为依靠私域流量,所以如果想要在这个平台吸引流量,需要先了解身边人的喜好,只有身边的好友先感兴趣,对你的短视频进行了点赞或收藏等操作，你的短视频才会被推送给更多的人。

⑤ 哔哩哔哩

哔哩哔哩，以二次元领域发家，逐渐扩展到各个兴趣圈层，用户以"Z世代"为主力军，主要集中在一二线城市，用户相比于其他平台更加年轻化，多为学生和职场新人，社区氛围更加开放、包容。随着平台发展，多种类型的短视频在哔哩哔哩百花齐放，并且有非常多的用户在哔哩哔哩学习各种知识，这也说明了哔哩哔哩不仅仅是一个娱乐平台，所以，科普教育类、视频二创类、二次元类等都是哔哩哔哩用户很欢迎的题材。

哔哩哔哩更强调的是同类聚焦法则。这个平台标签分明，开设多个不同的分区，用户也更乐于寻找拥有同样兴趣的伙伴。如果你的内容是更为深层次的知识分享，有趣、有料，可以尝试在这个平台发布短视频。

2.2 了解算法

算法是指计算机通过一系列明确的步骤、规则和指令解决问题或者完成任务的方法，也是计算机按照某些运行程序处理大量的数据，最终得出结论的一套运行模式。算法与短视频平台相结合，可以让用户快速找到自己感兴趣的内容，如我们日常刷短视频时经常可以看到的"猜你喜欢"等。将算法应用于短视频领域，可以大大提高用户的浏览效率，提高用户的留存率和黏性。

2.2.1 什么是短视频算法机制

短视频算法机制指的是短视频平台对短视频进行分类，分析每个用户的喜好，以呈现给用户最为匹配的内容为目的，

为用户精准推送内容的一套机制。

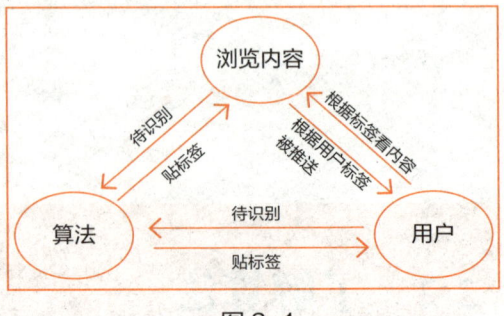

图 2-1

简单来说，短视频算法机制就是一套三角形传输体系，如图 2-1 所示。用户在浏览内容时，后台的算法会自动为其"贴标签"；同样，创作者发布一条新内容时，也会被算法贴上标签，算法此时充当"匹配者"的角色，对用户和创作者进行双向"配对"。比如，当你被一条体育类短视频吸引并进行浏览时，你就会被贴上"喜欢体育"这一标签，此时后台会不断缩小推送范围，随着你浏览体育类短视频的次数增加，算法会为你贴上更多的次级标签，如"羽毛球""乒乓球"等。这样一来，平台就能精准地向你投送你可能感兴趣的内容，这就是算法的强大之处。

通过收集数据，一步步地"猜你喜欢"，这种在算法机制下的内容匹配，其实就是为用户和创作者各找一个"懂我的另一半"。创作者只要发布内容，就会被算法贴上标签，进而推送给拥有相同标签的用户。这样的双向匹配，大大提高了用户的满意度以及短视频的曝光数据，使得短视频平台能够更加高效地运转。所以，对于短视频创作者来说，了解算法机制才能更有针对性地制作并发布短视频。

2.2.2 什么是用户画像

短视频平台通过算法，可大概提炼、构建出用户画像。什么是用户画像呢？我们已经知道，算法会根据不同用户的社会属性、兴趣、爱好以及生活、消费习惯等为其贴上不同的标签，在贴标签的过程中还会不断细化，继续形成新的标签，也就是利用一些高度概括、容易理解的特征为用户贴标签，这就形成了用户画像，如图2-2所示。

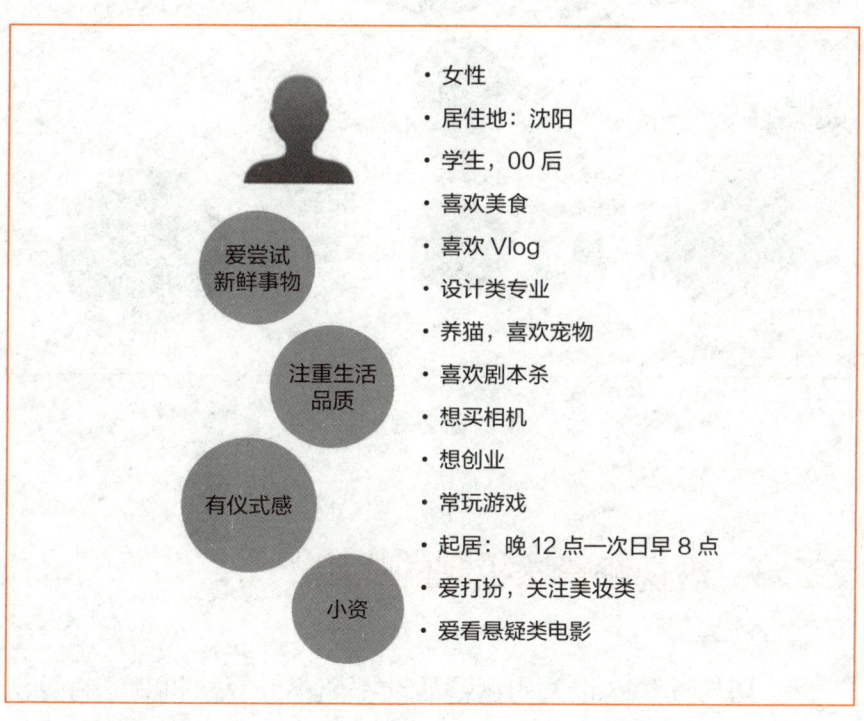

图2-2

由于算法机制具有实时性，以及大数据的不断更新迭代，因此强大的算法会不断进行优化，得出更精准的结论，不断为每位用户贴上更加详细的标签，如图2-3所示。

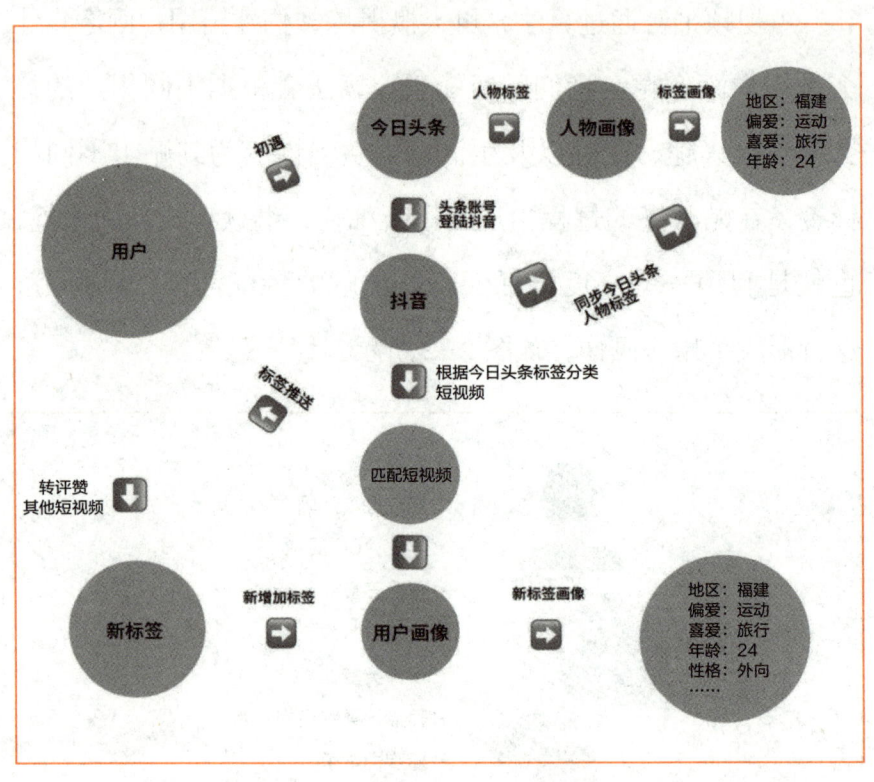

图 2-3

2.2.3 短视频算法机制的作用

一切与互联网相关的运营活动都离不开算法机制。将算法机制与其他技术有效结合，不但能够提高短视频平台的运行效率，还能在一定程度上改善用户的体验。

首先，短视频的算法机制在创建用户画像时，会不断更新，不断为用户和短视频贴上新的标签，并在此基础上进行更加细化的分析，为用户和短视频贴上次级标签。比如，"游泳"这一标签，在算法机制中，会进一步被细分为"自由泳""蝶泳""蛙泳"等新标签，有助于平台更精准地向用户推送其更加感兴趣的内容，增强用户的体验感。此外，平台利用算法机制还可以预测用户对不同短视频的喜爱程度以及互动意愿，并能有效地预测用户活动，提高用户的满意度和留存率。

其次，当有热门内容出现时，算法机制会根据用户的兴趣标签，对相关用户进行实时推送，引起他们的兴趣，使其展开讨论，提升话题热度，这对用户的体验以及平台运营都是利好的事情。

总体来说，了解短视频平台的算法机制及其作用能在一定程度上帮助我们更好地玩转短视频，更好地掌握短视频创作的规则和逻辑。

2.3 热门短视频平台的算法机制

由于政策引导、技术飞跃、经济发展等多方面的助力,短视频行业逐渐形成了一条较为完整的产业链,市场逐渐扩大,吸引了众多创作者参与。创作者可根据各大短视频平台的特点,选择自己感兴趣的平台,并根据不同平台的算法机制来制作或修改自己的短视频内容,使其与该平台更加匹配,这会大大提高短视频的各项数据、指标,从而更易吸粉引流。

2.3.1 抖音的算法机制

抖音启动于一线城市,目的是打造一个时尚、炫酷、轻松、有趣的短视频平台,起初的用户群体主要分布于一二线城市。随着内容和流量的扩充,抖音的用户范围逐渐扩大、下沉,但平台整体内容仍侧重于潮流、时尚和文化等方面,通过呈现娱乐类(演绎、搞笑、舞蹈、音乐、美妆等内容,如图2-4所示)和生活类(家居、美食、旅行等内容,如图2-5所示)等内容的短视频,来满足人们碎片化时间的娱乐需求。

图2-4

图 2-5

目前,抖音是国内流量较大、算法比较复杂的短视频平台。其算法变化也较为频繁,随着时间的推移,抖音已经从之前的通过转发数量计算流量转变为通过短视频的完播率、点赞量、转发量、转粉率等计算流量。作为创作者,只有参透了抖音的算法机制,才能有效提高吸粉引流的效率。接下来,就让我们简单了解一下抖音的算法机制。

抖音的算法机制用几个关键词来简单概括,就是"标签算法""去中心化""个性化推荐机制""双重审核机制""评分系统""漏斗机制"。

❶ 标签算法

标签算法是抖音的算法机制中最核心的内容。抖音会给创作者和用户分别打上各种标签，以保证双方的匹配度。对于创作者来说，精准的用户群体会对短视频流量产生很大的影响，用户的标签与创作者的标签如果是相互符合、互相对应的，则有利于创作者找准目标人群创作短视频内容。对于创作者发布的短视频，抖音算法也会为其贴上各种标签，如"教程类视频""美妆教程""彩妆教程"等一系列从大到小的分级标签，这样更有利于短视频的精准投放。

❷ 去中心化

要了解"去中心化"这个概念，首先需要知道什么是中心化。简单来说，中心化类似于中间商。以房产交易为例，房主将需要卖出的房子交由中介公司管理，买家则通过中介公司购得房产，那么中介公司其实就是中间商。

去中心化其实就是将中间商这一环节省去，使买家和卖家能够无障碍地沟通、交流并完成有目的的活动，不受第三方干扰。去中心化后，商品以及商家的口碑完全取决于消费者。在短视频领域，去中心化后短视频质量的优劣全看观看量、点赞量、转发量等相关数据。

去中心化可以更好地拉近用户与创作者的距离，让用户可以通过点赞、评论、转发等方式与创作者直接交流，这也使得抖音这一短视频平台更加扁平化，内容的产出更加多元化。去中心化体现了其以用户为本的理念，形成了一种更加高效的运作模式。此外，通过去中心化，用户的互动数据会被直观地展现出来，高互动率的短视频显然更符合大众的喜好。因此，以去中心化的方式来筛选优质短视频，能够让比较优秀的短视频内容拥有更多曝光机会，在众多短视频中脱颖而出。

❸ 个性化推荐机制

个性化推荐机制，也可以称作垂直化算法，具体来说，就是在用户和创作者感兴趣的某个大类别赛道中分别细分出一个个更具体、垂直的次级赛道。比如，某个用户对于体育类的短视频更感兴趣，那么，大类别赛道就是体育类，与之相对的更具体、更垂直的领域，包括篮球类、足球类、羽毛球类等。也就是说，垂直领域实际上就是在一个大的类别中继续深化，将其划分为更细节、更精准的领域，以摄影类垂直领域为例，其细分情况如图2-6所示。

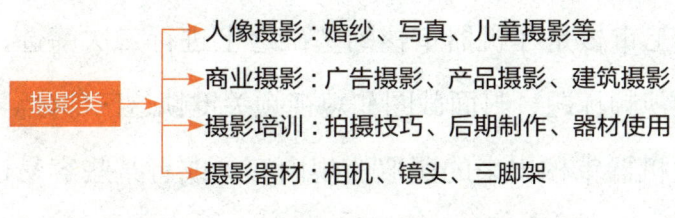

图 2-6

一个短视频账号，最初是靠发布短视频内容形成初始流量池的。算法机制会实时收集并分析该短视频的完播率、评论量、转发量等相关数据，来判断这条短视频内容是否被用户喜欢；然后，为短视频内容以及发布该内容的账号贴上对应的标签，从而为其匹配拥有对应标签的用户。具有相同标签的创作者与用户同属一个垂直领域，因此，每一个在相同垂直领域中的用户，都有可能成为该创作者的短视频的潜在观众。

④ 双重审核机制

双重审核机制包含两部分，即机器审核和人工审核。

机器审核，顾名思义就是利用抖音平台设定好的一套固定程序审核作品内容（包括文案、图片、短视频等）是否存在违规之处，如果作品疑似存在违规内容，就会被拦截。这是整个抖音平台中最初始、最简单的一种审核机制，只需要利用机器重复筛选，就能排除掉一部分显而易见的低质量和违规的内容。

人工审核是在机器审核的基础之上进行二次筛选，主要针对短视频标题、封面截图和短视频关键帧这三部分。此外，针对被机器审核出来的疑似违规内容，或者某些容易违规领域的作品，也会进行人工审核。

双重审核机制，既减少了人工审核的工作量，大大提高了审核效率，也帮助抖音平台筛选出更加优质、正能量的作品，净化了网络环境。

❺ 评分系统

评分系统有八大指标：五秒完播率、整体完播率、点赞量、评论量、转发量、转粉率、主页停留时长、粉丝转化率。

这八大指标可以用来衡量短视频内容质量的高低。但对于不同的短视频，其衡量标准也不尽相同，比如，如果短视频时间较长，则完播率越高越好；如果短视频时间较短，则完播率便不是衡量短视频质量的主要标准⋯⋯

另外，抖音经历了爆发式发展，市场趋于饱和，平台政策由吸纳用户转变为留住用户。因此，在过去的抖音平台，短视频的转发量、新用户搜索的权重会占据重要的地位；但随着时间的推移，抖音的用户数量达到一定规模，平台便更加注重用户的停留时长、粉丝转化率等指标。

因此，对于发布的短视频而言，如果其八大指标数据都很好，那么它就是一条优质短视频，在平台的算法机制下，它更容易被推送给更多用户，并吸引更多用户观看。

❻ 漏斗机制

了解了标签算法、去中心化及评分系统等概念后，我们就可以更好地理解何为漏斗机制。

漏斗机制，也被称为倒三角算法机制、赛马机制等，是在双重审核机制之后诞生的一种评判机制。

通常情况下，一条短视频成功发布后，首先会被投放到初级流量池，此时可能会有两三百个喜欢这条短视频的用户观看，大数据也会同步收集、分析该短视频的完播率、点赞量、转发量、评论量等相关数据，根据程序设定的数据分析资料判定这条短视频是否被用户喜欢，然后决定是否将这条短视频继续投放到下一级流量池。

初级流量池是第一层也是最底层的筛选，被投放至初级流量池的短视频只有少数的播放量。随着短视频播放量的增加，短视频就会从下往上依次进入不同等级的流量池。通常情况下，初级流量池拥有200~500的播放量；二级流量池有3000左右的播放量；三级流量池有1.2万~1.5万的播放量……直至8次曝光后会达到3000万左右的播放量。这种由下向上逐层筛选，为短视频分配流量的算法机制就是漏斗机制，如图

2-7 所示。因此，如果我们想让短视频爆火，就必须珍惜初始流量池，尽量提高短视频的完播率、点赞量、评论量等数据。

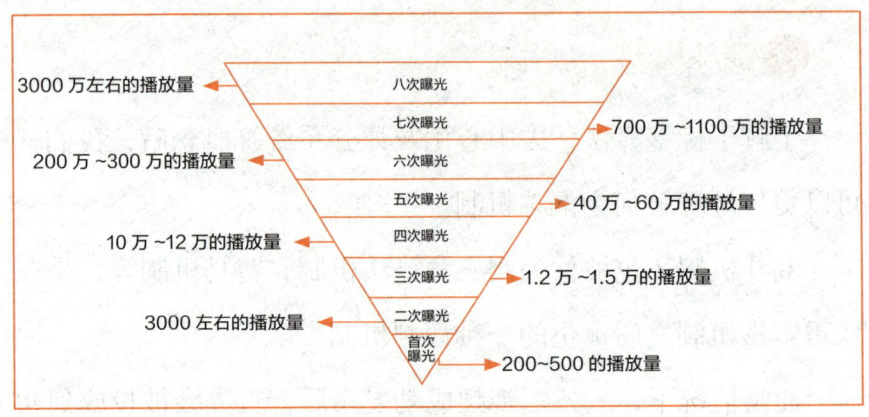

图 2-7

那么，漏斗机制为什么又被称为赛马机制呢？原因很简单，抖音平台不会考虑每个短视频账号的粉丝数量以及该账号的初始名人效应，只要创作者有能力生产出优质的内容，就有机会与大热账号甚至是头部账号竞争，这与赛马游戏是一个道理。归根结底，一个短视频是否优质，是否具有竞争力，还是与短视频的内容以及评分系统的八大指标有关，正是这些决定了抖音平台是否会对其进行二次推流以及推荐的力度。这八大指标也是短视频能否拥有额外曝光机会的重要判断依据，平台会挑选优质短视频中前 10% 的作品，给予额外的曝光机会。

以上便是抖音平台的算法机制，简单来说，创作者每发布一条短视频作品，就是在同类赛道中与同类短视频进行PK，只要短视频的相关数据能够超过其他短视频，那么就有机会被优先推荐。因此，创作者找准赛道，研究、分析并明确垂直领域的具体内容，认真把握短视频的内容，能够为增加短视频的流量带来很大的帮助。

2.3.2 快手的算法机制

快手发源于下沉市场，尽管已经在一二线城市中进行了用户扩展，但下沉市场的用户依然占比较高，且多为小镇青年，因此，快手平台的短视频内容更加真实、接地气。走平民化路线的快手平台门槛较低、易上手，用户可以尽情分享自己的日常生活。

与抖音相似，快手平台的算法机制也是基于用户的历史喜好及互动行为来分析用户兴趣。其核心就是关注短视频的点击量、完播率、点赞量、评论量、收藏量、分享率这几个数据。但是，相较于抖音，快手更加注重短视频封面的设计。快手平台对于所有的作品甚至是广告，都会给0~200的基础播放量。用户在快手平台发布了短视频后，算法会将这条短视频优先推荐给小部分用户，即初级流量池。初级流量池中的

　　这一小部分用户的点击量、观看时长、点赞或评论量等会形成反馈数据，平台会收集、评估相关的数据，以便于判断这条短视频是否可以进入下一级流量池。随着短视频热度不断攀升，系统会通过加权的方式将该短视频推送给更多的用户。因此，想要短视频获得叠加推荐，创作者可以通过短视频的标题或精美的封面去引导用户进行点赞、评论等。

　　快手更注重短视频的真实性、原创性。快手具有一种特殊的作品识别功能，用于支持和保护作品的真实性与原创性。并且，快手平台的粉丝黏性通常比其他平台更高，所以对于短视频的真实性、原创性把控会更加严格。另外，快手的算法机制中，短视频的同城推送也是十分重要的，平台主要是根据用户发布时的位置进行推荐，根据距离远近来排序，优先推荐给同城用户。

　　因此，快手短视频具有平台门槛低，短视频内容的真实性、原创性强，粉丝黏性高等特点，抓住这些要点才更加容易玩转快手平台。

2.3.3 小红书的算法机制

　　小红书是一个备受欢迎的自媒体平台，将生活方式分享、电商购物融于一体，为用户提供了"种草""拔草"的购物新体验。目前，小红书已然成了助力新消费、赋能新品牌的重要阵地。

如果我们想在小红书中爆火，获得更多的流量，了解其算法机制是非常有必要的。

小红书的算法机制主要由标签匹配机制、关系链推荐机制和长尾关键词组成，下面为大家展开讲解。

❶ 标签匹配机制

小红书的标签匹配机制与前面提到的抖音算法中的标签算法类似，也是会为用户贴上初始的大类标签，并根据点赞、收藏等互动行为的增加，不断调整其兴趣标签，更加精准地对用户进行定位并为用户推送其感兴趣的内容，优化用户与内容的匹配。

❷ 关系链推荐机制

关系链推荐机制，是指小红书平台会将短视频推荐给一部分用户，并根据这些用户的点击、收藏、点赞等互动情况为其评分，再决定是否将该短视频推荐给其他匹配用户。在关系链推荐机制中，不同的互动行为所占比重不同，比如，点赞量 ×1 分、收藏量 ×1 分、评论量 ×4 分、关注量 ×8 分。

不仅如此，小红书还有独特的算法模型，其每天都在分

析、记录用户的行为,如阅读时长、点击、收藏、点赞等。

比如,用户在小红书上发布一篇笔记后,算法模型会为这篇笔记评分,小红书平台会以分数为依据决定其初始排名以及是否继续为它推送流量。后续的用户对笔记进行的互动数据,也决定了该笔记在平台搜索系统中的排名位置是否靠前。最重要的一点是,小红书的推荐机制采取的是双线推荐的方法:一是在笔记发布后2~8小时的实时推荐;二是笔记发布一两个月后,算法模型再度挖掘、分析历史笔记,让某些笔记重新获得流量推送或是被限制流量推送。因此,在以内容质量为考核中心的关系链推荐机制下,优质笔记能够源源不断地获得长尾流量(下面会讲到),不论是在发现页的推荐还是搜索页的排名,优质笔记都能占据不错的位置。

❸ 长尾关键词

上文提到了优质笔记能获得源源不断的长尾流量,这自然离不开长尾关键词的运用。什么是长尾流量和长尾关键词呢?长尾流量是指通过优化长尾关键词来获得的持续不断的流量。长尾关键词是指那些较为具体、长度较长、搜索量较小的关键词,它们能更具体、更精确地描述用户的搜索意图。

我们可以将"长尾流量"理解为"搜索流量"。小红书的平台数据显示,笔记的流量65%以上都来源于搜索,越来越多的用户把小红书当作搜索工具。因此,搜索结果的位置越靠前,笔记就越容易获得更多曝光度,点击量、转化率自然也越高。那么,如何能使自己的笔记在被用户搜索时位置靠前呢?

第一步,研究目标市场,了解受众需求。比如,你想研究的是美妆护肤类,那么,就应该以"美妆护肤"为关键词进行搜索,了解当下市场的状况。

第二步,将关键词进一步细化分类,进而得到潜在的长尾关键词。比如,前面提到的"美妆护肤",可以将其细分为"保湿护肤品推荐""清洁护肤品推荐"等。

第三步,围绕关键词创作与市场相对应的笔记,如"清洁护肤品清单"等,有针对性地缩小范围,投用户所好。

第四步,合理设置标题和正文,在标题和正文中加入长尾关键词,提高内容在搜索系统中的排名。由于搜索系统会根据关键词的匹配程度进行排序,因此有针对性的关键词越多,内容匹配就越精准,也就越能吸引相关用户的注意。

第五步,在此基础上,可以添加相关标签,如"清洁护肤品""敏感肌清洁护肤产品推荐"……

最后一步,当笔记开始有流量,并且有用户参与互动后,创作者在评论中与其互动时可以适度使用长尾关键词,有助于该笔记被贴上这个领域的专属标签,平台通过算法可以更

加精准地定位这篇笔记，更好地提高该笔记在搜索系统中的排序。

另外，还要说明的是，早期的小红书平台流量分发更侧重于关系链推荐机制，但近年来，小红书平台越来越成熟、完善，更加侧重于点击量、互动率、完播率等方面。但不管怎样，只要把握好小红书的算法机制，找准长尾关键词，利用好关系链推荐机制并进行有效互动，就能大大提高笔记的推荐效率及排名，从而获得更高的曝光率。

2.3.4 微信视频号的算法机制

微信视频号是基于整个微信生态圈而搭建的短视频平台，其突破了朋友圈的封闭式社交和公众号的被动化订阅的局限，成为一个开放的去中心化"广场"。微信视频号注重原创性，始终秉持着原创内容至上的原则，只要短视频的内容足够好，就能突破小范围的社交圈，被更多人看到。因此，如何把握微信视频号的算法机制，提高短视频制作效率，是我们接下来需要了解的内容。本小节将从"兴趣算法推荐"和"私域流量推荐"这两方面来介绍微信视频号的算法机制。

1 兴趣算法推荐

（1）基于用户标签的推荐算法

其逻辑类似于抖音的标签算法。创作者可以在发布短视频时多添加话题标签和定位信息，这样有助于微信视频号平台对其进行个性化推荐。系统会根据用户对短视频的互动和反馈，在微信里关注的公众号、小程序，以及个人习惯、朋友圈属性等，为用户贴上某些标签，并据此为用户推荐相应的内容。

（2）基于指标的推荐算法

在短视频发布后，点赞量、完播率、评论量等重要的指标是决定短视频能否获得大量曝光的主要衡量标准，这些指标权重的排序为：完播率＞点赞量＞评论量＞点击扩展链接量＞转发量＞收藏量。因此，创作者在没有建立起流量基础的情况下，短视频初期时长应尽量控制在1分钟以内，以确保较高的完播率。

（3）基于位置服务的推荐算法

微信视频号的一大特色是可以为短视频添加地理位置信息。发布短视频时，如果创作者添加了地理位置，算法会根据该地理位置为短视频贴上标签，并会匹配具有相同位置标签的用户，于是这一条短视频会被推荐给附近的人，吸引本

地流量。微信视频号的用户也可以通过"位置"列表查看本地的所有短视频。

（4）基于用户已关注账号的推荐算法

如果某用户关注的账号发布了新动态，平台就会将其优先推送给该用户。因此，创作者应该保持更新频率、生产优质内容、保证内容原创性，并且注重关注自己账号的用户的意见和评论，这样才能巩固并提高自己的粉丝量。

❷ 私域流量推荐

私域流量推荐的本质为社交推荐机制，即短视频受到某用户的点赞或者其他互动之后，该用户的微信好友就有可能看到其点赞的短视频。经过这样一轮又一轮的互动，该短视频就有可能触发系统的推荐，系统如果判断该短视频内容为优质短视频，则会将其推荐给更多用户，用户点赞后，该用户的朋友也有可能看到这条短视频的内容，从而引发私域流量推荐。接下来，将为大家展开讲解私域流量推荐的特点，具体如下。

（1）基于社交关系

社交关系在微信视频号的推荐逻辑中非常重要，比如，某用户发布和点赞的短视频会在其微信好友的用户页面中被优先推荐。既然是社交推荐，自然就离不开互动行为，微信视频号平台通过好友的点赞、转发、评论等有效互动来判断短视频的价值以及受欢迎程度，优质的短视频会进入更大的流量池，被优先推荐给更多用户，获得更多的曝光量。

（2）流量分发逻辑

创作者发布短视频后，平台会首先将其推送给已关注该创作者账号的好友。若他们不感兴趣，则不会触发微信视频号的曝光推荐机制，那么该短视频仅获得一次浏览量，不会进入更大的流量池，但未来有可能会被再次推荐；若他们感兴趣，并对短视频进行了点赞、转发或者评论，则会触发推荐机制。当有多位好友都对该短视频进行评论时，该短视频则会进入更大的流量池中，获得更高的权重，被推荐的概率也更高。

因此，在微信视频号中，那些拥有大量好友、多个社群或微信公众号的账号，是微信视频号平台推广的重点。微信公众号与微信视频号协同运作，会提高短视频的各项数据，并让账号更容易成为头部账号。

因此，有效利用创作者的基础人脉，便是微信视频号有别于其他短视频平台的最大特点。

2.3.5 哔哩哔哩的算法机制

哔哩哔哩并非传统意义上典型的短视频平台,而是一个综合性的视频社区,其发展历程早于诸多短视频平台。该平台不仅有长视频,更包含海量短视频,内容生态丰富多样,以独特的弹幕文化著称。作为年轻人的聚集地,哔哩哔哩以社区生态、内容至上和用户共创为核心,致力于打造年轻人喜闻乐见的内容。其短视频方面也包含多种类型,站内 UP 主(哔哩哔哩平台创作者统称)各个"身怀绝技"、才华横溢,这也使得新手在哔哩哔哩崭露头角不仅要具备鲜明的特色与优质的内容,还要足够了解其算法机制。

❶ 三大流量

要了解哔哩哔哩就要先了解其三大流量,分别为"内容流量""社区流量"和"搜索流量"。内容流量是指凭借丰富多样的优质内容吸引用户关注与停留而产生的流量;社区流量是指通过活跃的社区互动形成独特文化与社交关系而产生的流量;搜索流量是指用户通过搜索快速精准地找到所需内容而产生的流量。

❷ 优质参数的标准

要想依靠这三点来创造效益，我们需要了解优质参数的标准。在哔哩哔哩平台中的短视频，播放量在 100 万以上为优质；互动率在 210% 以上为优质。此处有两个公式可供参考。

播放量＝UP 主的短视频被点击的曝光量。用户每点击一次就可算作一次播放量，可重复点击。

互动率＝账号在所有粉丝中互动行为的占比。互动行为包括发弹幕、点赞、收藏、投币、评论、转发等。

❸ 双向循环机制

在哔哩哔哩的生态体系里，专业用户生成内容与专业机构生成内容相互作用，共同构建起独特的内容双向循环机制。一方面，广大 UP 主创作的专业用户生成内容（如知识科普、技能教学、生活记录、美食分享等）凭借其专业性、独特性和多样性吸引海量用户驻足观看，为平台聚起庞大流量与活跃的社区氛围；另一方面，优质番剧、纪录片、综艺等专业机构生成内容，以其专业精良的制作和资源，提升用户黏性，同时为 UP 主提供新的创作素材，他们可以围绕其进行二次创作、解读评论等，再次带动内容和流量的增长。如此形成专业用户生成内容与专业机构生成内容之间相互促进、相互转

化，流量与内容同步循环上升的双向循环机制。

❹ 标签和分区

哔哩哔哩的标签和分区与抖音类似，能够很好地帮助作品归类并便于用户找寻。因此，创作者应注意为短视频添加准确的标签和选择合适的分区，这样有助于系统将其更精准地推荐给用户。

第 3 章　做好前期的准备

如果你下定决心要踏入短视频行业，就要做足前期的准备工作，比如，要确定自己账号的定位，找准赛道，寻找对标账号，选择合适的短视频发布时间和频率，等等。这些前期准备工作可以让我们快速地适应短视频行业的竞争和变化，为吸粉引流打下坚实的基础。下面，我们就来具体讲解一下前期都要做好哪些准备。

3.1 了解风格和定位

在踏入短视频行业之前,我们首先要做的就是找准短视频账号的风格和定位。

3.1.1 风格

短视频行业的"风格"其实是一个相对宽泛的概念,大致可以将其细分为表现形式、账号风格、内容形式和专属记忆点等多个方面。

1 表现形式

表现形式,即用户在某个短视频平台看到的短视频作品最终的呈现效果,也可以将其理解为"短视频的内容呈现",包括真人出镜、宠物出镜、图文结合、卡通人物等,如图3-1

所示。我们想要使用什么样的形式来表现自己的短视频，应当以最终的风格定位为出发点进行考量。

图 3-1

2 账号风格

账号风格，简单地说，就是在我们制作短视频时，想要向

用户展现的特点或领域,如励志、文艺、测评、解说、颜值、美食等。

❸ 内容形式

内容形式,就是将短视频的表现形式与账号风格相融合,最终形成内容形式,如日常 Vlog、搞笑段子、小说推文、影视解说、新闻资讯、游戏攻略等。

比如,如果我们制作的短视频的内容形式为日常 Vlog,那么,坚持内容形式与表现形式、账号风格相一致的原则,这一条短视频的表现形式可以选择真人或宠物出镜等;账号风格可以选择搞笑、轻松等。

如果我们制作的短视频选取的内容形式为搞笑段子,那么,在表现形式上就可以选择真人出镜、宠物出镜、卡通人物等,也可以视情况将几种表现形式结合起来使用;账号风格定位为搞笑即可。

因此,短视频的内容形式多种多样,我们结合自己短视频的表现形式与账号风格,选择适合自己的才是最重要的。

❹ 专属记忆点

记忆点,我们可以将它简单地理解为一个专属于我们自己,并且与我们的短视频账号具有强关联性的"符号"。

我们日常观看短视频时，在很多短视频账号的评论区总是能看到几条点赞量极高的评论，而且在该账号下的所有短视频的评论区都能看到类似的评论。这些评论中的关键词，就是这个短视频账号的专属记忆点。

那么，我们在制作短视频的过程中，怎样能拥有自己的专属记忆点呢？

如果你刚刚建立了短视频账号，并且还没有发布过短视频，那么，可以多看看同类型的对标账号，学习先行者的成功经验，看看对标账号的记忆点是什么，是如何被用户记住的。接下来，我们可以为自己的账号拟定一个记忆点，在以后的短视频内容中反复提及并强调专属记忆点，使其与自己的账号产生强关联。当然，专属记忆点的数量没有限制，我们也可以选择设置一个或多个记忆点。

如果你已经发布过一些短视频，那么，可以在发布短视频后多多关注评论区，并在评论区找到用户喜欢的点，并且在今后的短视频中反复提及，逐步加深用户的印象，使之产生专属记忆，这样也能自然而然地增加用户的黏性。

比如，某短视频达人的作品以日常生活 Vlog 为主，在她早期的短视频中，她会为自己的奶奶加上河马的大嘴搞笑特效，与奶奶极不情愿的表情和态度形成极大反差，使其短视频账号在短时间内快速涨粉。除此之外，家中独特、温馨的家庭氛围也是她的短视频热度持续不断的原因之一，关于这方面的评论也在评论区频繁地出现。因此，"搞笑""温馨"已然成了她的短视频账号的专属记忆点。

让短视频账号形成专属记忆点其实并不难，如常年佩戴的一副有个性的眼镜、一句口头语、一个下意识的表情等，我们在制作短视频时，只要让这些元素反复出现在短视频内容中，不断强调，使其与自己的短视频账号产生强关联即可。每当用户看到这些元素就能想到我们的短视频账号，这样，我们的目标也就达成了。

3.1.2 定位

短视频账号的定位非常重要。一个短视频账号能不能成功，离不开平台的推送，而平台能不能将你的短视频精准地推送给你的目标用户群体，就要看你对于自己的短视频账号有没有明确的定位了。

我们定位自己的短视频账号，可以从天赋、资源、兴趣爱好三个方面入手，具体如下。

① 围绕天赋进行定位

天赋主要包含形象、声音、创作能力等。

（1）形象

如果你颜值高、形象好，可以在颜值类短视频或短剧领域发展。如果你的形象有亲和力，可以尝试直播带货。如果你的形象欠佳但比较有特点，可以尝试搞怪类短视频。

需要注意的是，并非只有帅哥美女出镜做短视频才能成功。只要能让观众记住你，颜值不高也不一定是缺点，如果善于挖掘，也能把它变成专属于你的优势。

（2）声音

如果你的声音好听或者有特点，那么，可以尝试做短视频配音工作，也可以选择Vlog、唱歌、读故事之类的短视频，都是不错的选择。

（3）创作能力

如果你的创作能力很强，可以尝试写小说、剧本或故事，然后将其制作为短视频，也能取得不错的成绩。

❷ 围绕资源进行定位

短视频的资源包括某些专业的知识、经验，还包括实体物资、商品等。

如果你在某个行业中积累了不少知识或实战经验，那么，你可以将自己在这个行业中的经验总结并分享出来，让自己成为这个领域的知识博主，如图3-2所示。拥有一定数量的粉丝后，售卖课程也不失为一种好的变现方法。

如果你的资源为实体物资、商品，则可以选择在短视频平台直播带货，不论是卖自己生产的商品，还是卖一些优惠券，都是一种巧妙利用身边资源变现的方法。

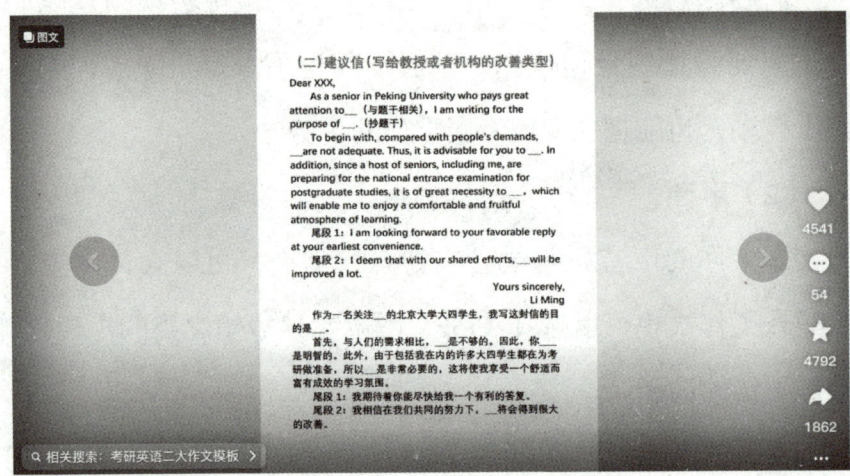

图 3-2

❸ 围绕兴趣爱好进行定位

如果你觉得自己既没有天赋，又没有资源，那么，你可以从兴趣爱好入手，其核心就是将自己喜欢的东西变成对别人有用的东西。但是，怎么将自己喜欢的东西变成对别人有用的东西，关键就在于你能否不断地根据自己的兴趣爱好进行学习，并以短视频的方式分享给其他人。

一个短视频账号想要成功，确定风格、定位非常重要。只有明确自己的风格和定位,短视频平台的算法才能将你的短视频推送给目标受众,从而使账号快速积累粉丝量,让你能够在短视频创作之路上少走弯路,早日成功。

3.2 找准自己账号的定位

接下来就要分析自己账号的定位了，只有明确了解自己想做、能做、适合做的内容，精准地找到自身账号定位，才有可能高效输出短视频内容。

3.2.1 在自己擅长的领域发挥个人特长

作为短视频创作者，我们首先应该明确以下几个问题：我是谁？我的兴趣爱好是什么？我与众不同的地方是什么？我能够吸引用户的地方在哪里？我的账号想展现什么内容？这些问题的答案都要基于深度的自我了解、自我剖析，对如今短视频的主流赛道的了解来获得。

假设你是一个热情开朗的"00后"在校大学生，喜欢品尝美食，喜欢与他人分享日常，那么你的特长就可以定位为"吃"，擅长吃饭也是你与其他人的不同之处，并且也有可能是足够吸引观众的地方。如果你吃东西时胃口比较好，容易让人产生想看你吃饭的感觉，也容易吸引一部分用户关注，那么这就是一个有效的自我定位。

3.2.2 了解短视频的不同类别

既然要找准自己账号的定位，那对于短视频的不同类别也应当有所了解，这有助于找准赛道。要注意的是，有的大类别中包含很多的小类别，这需要我们认真分析，精准定位，以防账号定位出现偏差。常见的短视频有以下几类。

1 生活记录类

这类短视频主要是记录日常生活的方方面面。比如，人们去到不同地方旅行所见的风土人情，路上遇到的各种趣事，如图3-3所示；或者是生活中的点滴趣事，记录自己的生活并与大家共同分享快乐瞬间；或者是分享宠物的活泼可爱、搞怪行为，以及与主人的互动日常……此类短视频内容的重点就在于真实感，真切地传递给观众正能量，让观众感同身受，甚至让观众感觉这就是我要为之奋斗的方向，起到激励的作用。

❷ 美食分享类

这类短视频既包含美食制作教程，一道道工序的逐步拆解能让人们学到制作美食的方法、火候的掌控、实用的技巧，那种从无到有的过程往往让人成就感满满；又包含美食测评、美食探店、分享美食文化等内容，走进大街小巷，品尝特色美食，分享其色香味、制作技艺，或是店铺环境、相关历史等，如图3-4所示。此类短视频的重点在于需要对美食有一定的了解，并且热爱美食，毕竟只有真正的喜欢才能创造出优质的内容。

逃离工作计划🌊一起去阿那亚吹吹海风吧

图3-3

🏴确实是好吃到哭出来的牛腩面！！巨香！！

图3-4

❸ 幽默搞笑类

这类短视频的核心目的就是带给人们欢乐让人开怀大笑。它可以是日常生活中的搞笑片段,也可以是一些搞笑类的剧情,通过结合时下热梗,制造恰到好处的笑点来吸引观众注意,还可以是自导自演的幽默段子,通过夸张的表情、搞怪的动作带来笑点,如图 3-5 所示。

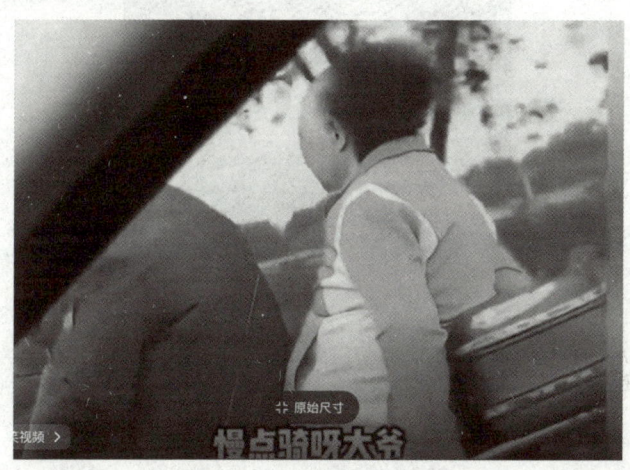

图 3-5

❹ 才艺展示类

这类短视频的内容主要包括音乐、绘画、舞蹈、手工等,如图 3-6 所示。创作者在这类短视频中尽情地展示自己的才艺和技能,比如,通过自己甜美的嗓音和歌喉来营造舞台感,带动气氛；通过爵士舞、街舞、机械舞等舞蹈的律动，展示自己的活力和魅力；通过展现自己的乐器天赋来获得观众喜爱，从古典的古筝、二胡到流行的吉他、贝斯等。

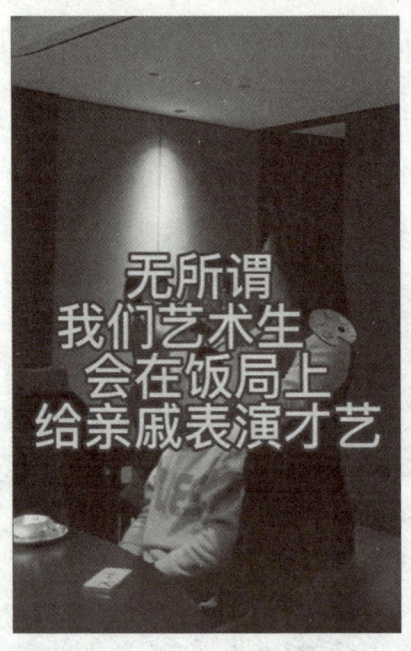

图 3-6

⑤ 知识科普类

这类短视频的创作者专注于向大家传输知识，科普有趣的内容和观点，如图 3-7 所示。比如，将古今中外的历史融会贯通，或者是通过自己的理解编排出有趣的历史小故事，寓教于乐；从专业的角度出发，讲述宇宙奥秘、科学现象、冷门知识等，通过精确的计算和严谨的论证来讲解一些权威的内容；专注于文化领域的诗词歌赋、民俗风情等，拓宽观众的视野。

图 3-7

❻ 时尚美妆类

这类短视频的创作者通过短视频的形式分享自己的穿搭经验、美妆经验等，常见于穿搭类、美妆类、"种草"类短视频，如图 3-8 所示。这类短视频的受众群体往往是女性，她们更想要收获一些能让自己变美的知识和"干货"。这类短视频的创作者可以将不同妆容的拆解步骤做成教程，一步一步带领观众收获美妆技巧，如富贵千金妆、日常伪素颜妆等；也可以输出对于服装搭配、色彩搭配方面的见解，对当下流行穿搭趋势的分析，如之前流行的"美拉德风"，或是休闲风、通勤风、复古风等，告诉大家如何在不同场合搭配出合适的服装，穿出属于自己的风格。对于这类短视频的创作者，最重要的是要熟知所讲解的内容适合什么样的人群，提升自己的时尚品位。

图 3-8

❼ 社会热点类

这类短视频的受众往往是年龄稍大的用户群体，他们作为经历了很多事情的"过来人"，更加关注社会热点及教育方面的知识，包括对于当下政策的解读、社会热点话题的讨论和延伸，以及如安全教育、网络安全教育、心理健康教育等的知识普及。因此，此类短视频的创作者常常以分享整合和解读内容的形式，发表自己对于热点事件的见解，引发观众的探讨，如图3-9所示。

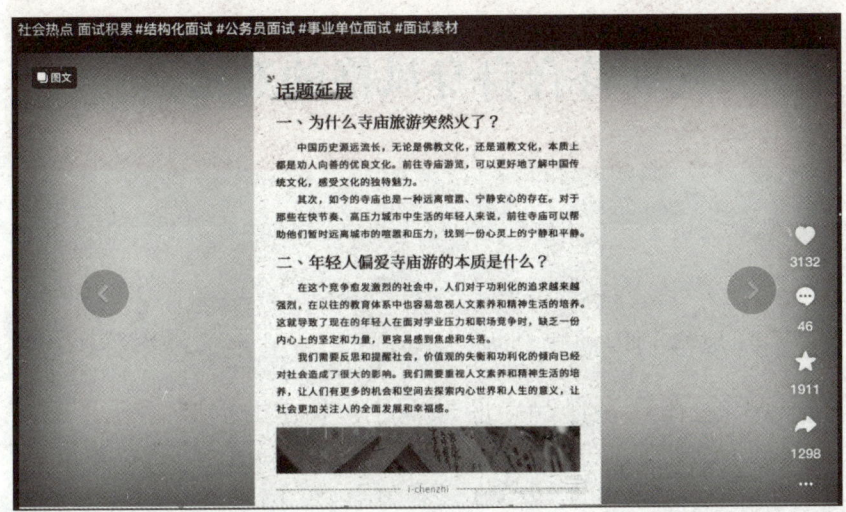

图3-9

短视频的类别非常多样，这里罗列的只是一部分较常见的类别，还有许多其他类别及细分领域，此处不再赘述。未来还会有许多新领域不断产生，开辟出新的短视频类别，因此，创作者要勇于探索和创新，做"第一个吃螃蟹的人"。

3.3 找准符合自身风格的赛道

不同风格的短视频会吸引不同的用户驻足，风格独树一帜的短视频能在众多作品中脱颖而出。因此，创作者需要找准符合自身风格的赛道。

比如，偏向于小清新治愈风的短视频，就应该保证背景干净，内容活泼轻快，给人一种积极向上的感觉，配乐可以选取轻快的音乐风格。小清新治愈系的风格也适用于家居类、美食类短视频，或记录生活的 Vlog 等，如图 3-10 所示。

图 3-10

如果短视频的风格偏可爱、有趣，就可以在剪辑短视频的过程中加上可爱的贴纸，或加上搞怪的配音等，如图 3-11 所示。

图 3-11

　　创作者应从自身具体情况出发，确定好自己想要的短视频风格后，多发布短视频，多与粉丝互动、交流，不断改进自己，最终确定属于自己的短视频风格，从而更好地在自己选择的赛道上发展。

3.4 寻找同赛道中的对标账号

寻找对标账号，也可以理解为寻找榜样。当我们涉猎一个新领域，并准备在这个领域发展时，寻找其中优秀的、值得我们学习的目标是十分重要的，可以使我们少做很多无用功，提高效率与成功率。因此，正确地寻找与我们相同赛道中的榜样——对标账号，是短视频账号成功的重要一步。

3.4.1 什么是对标账号

首先，我们要确定什么是对标账号。对标账号就是在与创作者同一领域中做得比较好、值得学习的短视频账号。一个赛道中值得学习的账号按粉丝量的不同，可以分为大V级账号、榜样级账号、伙伴级账号等。

① 大V级账号

这类账号的粉丝量往往突破百万，在赛道中具有极强的影响力和带动性，往往可以被认为是风向标以及最值得学习的榜样，是行业内公认的头部账号，能够引领大众话题和行业潮流的走向。

② 榜样级账号

这类账号处于赛道中上游，通常粉丝量在几十万，还处于上升期，有不少值得借鉴的地方。这类账号通常具有突出于某一赛道的特点，因此可以成为学习的榜样。

③ 伙伴级账号

这类账号的起步通常不错，粉丝虽然还不是很多，但在明显增长，正处于成长阶段。不过，由于自身的视角局限性，这类账号的创作者也需要多关注其他账号的内容获得启发。因此，这类账号适合彼此共同探讨分析有待优化的问题，互相学习和提高。

其次，拆解这些值得学习的账号并进行对标。比如，对某一个意向对标账号的人设、选题、内容等进行拆解，并且分析他的用户画像，思考这些内容是否与自己的有重叠，重叠性越强，说明这个账号越适合作为自己的对标账号。

3.4.2 寻找对标账号的方法

以下方法可以帮助我们快速地找到对标账号。

① 通过搜索关键词寻找对标账号

比如，你想要做宠物类短视频，就可以在自己想要发布的平台中搜索"萌宠"或"宠物"等关键词，再从中找出与你想做的短视频内容相符的账号，如图3-12所示。

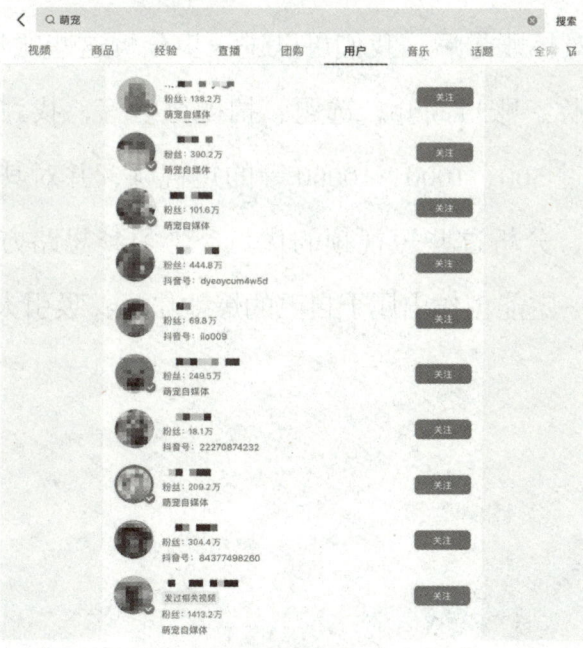

图 3-12

❷ 借助推荐流寻找对标账号

比如，你对家居、装修类的短视频感兴趣，并且经常刷与此相关的短视频，系统就会认为你的内容偏好就是这个方向，并会自动推荐更多与此相关的账号。

❸ 通过大数据寻找对标账号

我们还可以从平台上通过大数据直接获取对标账号，比如，抖音的热点榜单中对不同类别的短视频会有相应的分析，我们可以在热点榜单中寻找相同类型、相似内容、风格的对标账号。

找到对标账号后，我们可以进一步分析这些账号的内容，如账号名称、账号简介、选题、拍摄风格等，找到该账号中点赞数超过500、1000、10000等的短视频，并对其内容进行仔细研究，分析这些短视频的优点，学习其思路方法，举一反三，就一定能创作出属于自己的爆款作品，吸引大量粉丝。

3.5 模拟账号定位分析

在了解基础的内容之后,我们可以来进行一个简单的模拟。

比如,某个女生想在抖音平台做一个分享日常生活的博主,应该如何来做前期的分析准备和账号定位呢?

1 自我定位

(1)个人特点

- 身高:152cm。
- 体重:44kg。
- 身材:偏瘦、娇小。
- 爱好:摄影、画画、听歌、旅行、美食、养猫……
- 职业:学生、咖啡师、写作者……
- 方向:日常博主、美食博主、宠物博主……

·时间：利用空闲时间。

（2）账号特点

·IP 定位：二三线城市，"00 后"独居女生的 Vlog，学生兼职分享工作日常、生活趣事、养宠趣事……

·粉丝定位："90 后""00 后"女生，对日常生活充满兴趣，想要变得更好更自律。

·内容关键词：生活、日常、美食、独居、女性、热爱生活……

·选题："00 后"女生做学生兼职的一天，独居女生的一日三餐，养猫人的日常，充满烟火气的小日子……

❷ 分析对标账号

接下来，该女生要想好最终选中的领域大类别，是美食、日常还是美妆、学习，等等。确定好后，直接在对应平台搜索关键词，可以按从大到小、从广到细的顺序搜索，从"日常"到"下班日常"，一步步缩小范围，找到其中做得不错且适合自己学习的 20~30 个账号，并将其划分为大 V 级账号、榜样级账号、伙伴级账号，直至确定对标账号。

·针对大 V 级对标账号：重点学习其选题方向、长期的运营思路等。

·针对榜样级对标账号：重点学习其如何通过人设、选题和内容来突出个人特色。

·针对伙伴级对标账号：在人设、选题和内容创作这几个方面积极对标，进行细致入微的分析，如对比人设上的差异、选题角度的差异、内容细节的差异等，取其精华，去其糟粕。

3.6 选择合适的短视频发布时间和频率

众多周知,人们的生活习惯都有各自的规律,每个人的作息时间虽然不一定相同,但总归会有重合的部分,比如,19点至21点是大部分人空闲且需要娱乐活动的时间段。因此,我们要把握好不同赛道受众群体的作息时间,并在合适的时间段发布内容,这样才能引起更多人注意,短视频才能获得更高的曝光率。

下面是短视频平台用户的几个高峰活跃时段。

① 7:00 至 9:00。人们一般会在起床后浏览手机,看看是否有留言或新的信息,然后会花一些时间来浏览当日的早间资讯以及昨日休息后的资讯。

② 12:00 至 14:00。中午的午休时间,人们一般会选择刷短视频,消磨一下短暂的休息时间,放松大脑。

③18:00至23:00。在这个时间段大部分上班族都下班了，在结束了一天辛苦的工作后，人们往往会回到家中做一顿饭，看看电视，刷刷短视频，放松一下身心。

④周末。周末可以说是短视频的流量高峰时间段。在周末人们没有固定刷短视频的时间，但是我们可以结合上述的三个时间段合理发布短视频，达到事半功倍的效果。

了解了以上几个高峰活跃时间段后，我们再根据不同赛道，进一步地细化短视频的黄金发布时间。以下是部分短视频赛道的黄金发布时间，供参考。

①美食类：11:00至13:00，19:00至22:00。

②宠物类：12:00至13:30，19:00至23:00。

③美妆类：11:00至13:00，19:00至22:00。

④娱乐类：7:00至13:00，18:00至22:00。

⑤母婴类：9:00至10:00，21:00至23:00。

⑥教程类：11:00至12:00，20:00至22:00。

⑦穿搭类：11:00至13:00，18:00至22:00。

当然，以上的时间段只是参考，最重要的还是要在自己所选择的赛道领域中，多研究、学习对标账号，然后逐渐精准把握发布时间。

短视频账号有相对稳定的发布、更新频率，有益于账号权重的提升。如果时间、精力允许，最好每天更新一条或多条，

最多不要超过五条；也可视具体情况定期发布短视频，如在周一、周三、周五定时发布，这样做可增加粉丝黏性。

第 4 章　吸引人的短视频创作技巧

创作短视频是踏入短视频行业的第一步。要想增加粉丝量，吸引潜在用户成为粉丝，就需要我们注意短视频创作过程的每个环节，如主题、标题、封面、拍摄、剪辑等。下面，我们就来了解一下有哪些技巧可以帮助我们创作出足够吸引人的短视频吧。

4.1 选择合适的主题

短视频的主题非常重要，一个好的主题不仅仅关系到该账号某条短视频的成绩，其实也与该账号后续的内容、成绩甚至变现息息相关。

简单来说，短视频的主题是该短视频要表达的核心思想。通常情况下，一条短视频只能有一个主题，内容必须紧紧围绕主题展开。

那么，我们在制作短视频时该如何选择合适主题呢？下面我们分几个阶段来探讨。

❶ 第一阶段：新手时期

如果你是一位短视频领域的新手，你可以将主题简单地理解为"我的短视频要讲什么内容"。对于短视频新手而言，还未形成整体思维和较强的前瞻性，此时做好单期短视频的制作是最重要的。

当你还是一个短视频新手时，千万不要盲目地根据自己的兴趣、爱好确定短视频主题。你可以先浏览一些同类型的成功账号或对标账号，找到并分析点击量较高的成功案例，并以此为范本，借鉴并学习，了解这类内容的基本情况。在短视频制作初期，这样做虽然不一定能使短视频瞬间爆火，但是可以在一定程度上保证你的短视频主题明确、内容清晰。

除此之外，"找到市场喜欢什么"也是制作短视频时很重要的一点。当我们还不懂"何为市场""话题与市场之间的关系"的时候，借鉴就是一个很好的方法。我们需要记住：借鉴不是抄袭，它是让我们参考对方的主题与设计思路，而非具体的内容。

从图4-1所示的"自制炸鸡柳"短视频中可以简单地分析出，"自制炸鸡柳"这个主题具有DIY、简单、接地气、易上手等特点。那么，根据这些特点，可以延伸出一些新的主题，如自制辣条、自制烤淀粉肠等。

图 4-1

2 第二阶段:"老白"时期

有些创作者已经做了一段时间的短视频账号,多数情况下,发布的短视频没有什么流量,呈现不温不火的状态,偶尔有一两条短视频可能会大火,这个阶段我们称之为"老白"时期。

在"老白"时期我们需要明白:这条短视频火不火,并非是判断短视频选题好坏的唯一标准。比如,浅显一些的短视频主题可能更容易带来流量;话题性强的短视频主题可能更容易吸引观众参与讨论;有深度的主题可能更容易启发观众的思考,等等。

因此,不同的主题为短视频带来的效益也是不同的。在短视频的制作过程中，不要一味追求爆火的选题，这样虽然可能使你的短视频账号数据看起来不错，但是后面你会发现，自己的账号更像是一个营销号。

那么，创作者为了使自己的短视频内容更加优质，可以从话题性、黏性、深度、变现与人设等几个方面调整主题，具体如下。

（1）话题性

有话题性的主题，即可以吸引新用户的主题，如当下社会热点、突发事件等，这类主题的短视频十分普遍，也非常受用户欢迎。

（2）黏性

有黏性的主题，就是能使你吸引来的新粉丝持续关注的短视频主题。比如，从一些事件中延伸出来的观点和讨论、热点事件的后续跟进、系列故事的讲述等。

（3）深度

有深度的主题，通常情况下会吸引到一些认知水平较高的用户观看，而这类用户的黏性往往会比普通用户更大。这类主题可以让创作者自由发表自己独到的见解，或升华主题的内容等。

（4）变现与人设

变现与人设其实不能算作是主题的特性，通常会与上述三

种特性配合。比如,在任何主题的短视频中穿插相应的广告、商品推介等都可以帮助自己获得一定的收益;某些创作者会为了树立人设不断创作同类主题的短视频。

❸ 第三阶段:深化时期

随着创作者发布的短视频数量不断增加,内容体系逐渐形成,此时就需要考虑深化主题了。

比如,某爆火网红的短视频账号起初创作了很多类型的短视频,随着经验的不断积累,其逐渐重视深化主题,内容变为以职场趣事或恶搞为主,并在这个领域持续深挖,人气越来越高。

深化短视频的主题往往不是立刻就能完成的,有很多成功的短视频创作者在早期也会尝试很多不同的方向。因此,我们在做短视频的过程中,需要留心观察自己的账号,找到一些流量比较好的短视频,并分析它们的共同点,以此为底层逻辑,继续深耕自己想做的领域,不断深化主题。

❹ 第四阶段:成功阶段

创作者经过自己的努力与坚持,在短视频行业有了清晰的方向和明确的认知,并且为自己找到了一条最适合的路线,此时便进入了成功阶段,会收获大量流量和荣誉。但是,创作者仍需要坚持初心，记住自己的短视频的主题和定位，生产更多粉丝喜欢的内容。另外，不要得意忘形，不要嘲讽、攻击粉丝，不要违法乱纪，始终遵守这个行业的行为准则。

4.2 制作有吸引力的标题和封面

对于短视频而言，它的标题与封面就是"门面"，往往决定了用户对于这条短视频，甚至与之相关的短视频账号的第一印象，是短视频里十分重要的组成部分。优质的标题与封面，能快速吸引用户点击观看短视频内容，从而可以获得更多曝光。

4.2.1 制作爆款标题的方法

如何为短视频制作出爆款标题呢？下面为大家介绍几种实用方法，希望能够帮助大家解决这一难题。

① 身份代入法

通常情况下，人们会对与自己身份信息相关的事情更感兴趣。因此，我们可以基于目标人群的身份及其需求，搭建出一个对应场景，使用户代入自己的身份，增强认同感，并产生共鸣。此外，平台也会根据标题中的关键词，将短视频精准推送给目标人群。

利用身份代入法创作的标题举例如下。

《低至 2 元！你们要的学生党入门平价彩妆来了》

《新手女大学生 10 分钟画好精致妆容》

《适合学生党的平价好物》

《新手宝妈一定要注意这些》

《上班族的工位必备好物分享》

《家长这样教育孩子，会让孩子受益一辈子》

像这样的标题，就是为学生党、宝妈、上班族、家长等特定群体构建出一个专属的场景，以达到吸粉引流的目的。

② 抛出问题法

抛出问题法就是创作者围绕着"一个吸引人的问题"撰写标题，可以利用这个问题本身的社会属性、热点属性等。抛出问题法大致分为三类：疑问法、反问法、设问法。

（1）疑问法

疑问法主要是用疑问句的句式创作标题，举例如下。

《这么大个地方做点什么呢？》

《如何看待异地恋？》

《如何看待"双十一"？》

《打工人女生，怎么化妆才好看？》

（2）反问法

反问法主要是用反问句的句式创作标题，举例如下。

《在恋爱中遇到这些事，你竟然不知道该怎么做？》

《你难道不想体验一个月暴瘦30斤的感觉吗？》

《这些家庭小妙招怎能错过？》

《你怎能不知道这些家居好物？》

（3）设问法

设问法主要是用设问句的句式创作标题，举例如下。

《塑料瓶、塑料袋、保鲜膜能反复使用吗？不能》

《Vlog不知道怎么拍？就这样拍！》

《一个月瘦30斤可能吗？必须能！》

针对抛出问题类的短视频标题，创作者也应围绕着标题中抛出的问题进行内容的创作。这样一来，想要了解这部分内容的用户自然而然会被你的短视频标题吸引，点进你的短视频或账号主页进行观看或关注。

③ 符号替换法

符号替换法，简单来说，就是用知名度较高的关键词代替知名度较低的关键词。

日常生活中，某些领域的专业性较强，其专有名词的普及率不高，不少人可能不了解某个专有名词是什么意思，这时候就可以用到符号替换法，将一个大众不了解的符号转化为另一个大众熟知的符号，同时也可以起到吸引眼球的作用。

以《电磁感应充电已经投入使用》为例，这个短视频标题中的"电磁感应充电"就属于不常用的专有名词，此时，可以将"电磁感应充电"改为"无线充电"，这样就更加便于观众理解了。标题《无线充电横空出世！以后再也不需要用数据线充电了》也是同理。

4 直观数据法

直观数据法指的是将数据直接呈现在标题中，使标题更加直观、震撼。

比如，要制作关于我国历史上赫赫有名的"杀神"白起的短视频，标题怎么起比较好呢？

可不可以用《秦国将军白起战胜赵国》呢？如果这条短视频的标题是这样的话，就不足以衬托白起将军"杀神"的称号。

如果将短视频的标题修改为《秦国"杀神"白起，一战坑杀赵国40万将士》，通过数据直观的展示，更加吸引用户的眼

球,也更有说服力。

同样的例子还有《关于 2024 年中国收入情况统计,大致分为了 11 个等级》《毕业两年,从月薪 2000 到年薪 25 万》等。

❺ 矛盾冲突法

矛盾冲突法指的是在标题中提出一个具有矛盾、冲突的话题,吸引用户的好奇心,再在短视频中着重讲述该话题的具体内容。举例如下。

《山里孩子上学的苦是许多城里孩子体会不到的》

《同样的工作,为什么我月薪 2000,他月薪 20000?》

《大山里的孩子,真的比不上城市里的孩子吗?》

❻ 夸张震惊法

在互联网上流传着一个传说中的部门——"UC 震惊部",通常是指在 UC 浏览器上出现的文章大都喜欢在标题上加上"震惊!"的字样,并且这类文章观看人数众多。虽然"UC 震惊部"这一说法带有一些讽刺意味,但不得不说这个方法确实有它的成功之处。放到现在,我们还是可以借鉴其中的优势之处为自己的短视频标题增色。

其实,除了"震惊"这种表达方式,还可以在标题中加入一些"十分肯定"的词汇,或者在标题中加入夸张的措辞、数据等。但是，不同的短视频平台有对极限词的不同管理制度，所以运用夸张震惊法时要特别注意避开平台不允许使用的词汇。举例如下。

《震撼我一整年！这条街竟然可以这样拍》

《天呐！这么美的小镇我不许你不知道！》

⑦ 弱点利用法

弱点利用法，即在标题中利用人性的弱点给予用户价值。比如，如果你想利用用户人性中的"懒惰"，就可以在短视频的标题中加入"万用模板""万能公式"等关键词；如果你想利用用户人性中的"贪婪"，就可以在短视频的标题中加上"限时免费""免费分享"等关键词。举例如下。

《一招解决所有烦恼，这套万能模板拿好了》

《限时免费！错过再等一年！》

⑧ 设置悬念法

创作者可以在短视频的标题中添加一些抓人眼球的关键词，并设置悬念，吸引用户去短视频内容中寻找答案。举例如下。

《全世界最神秘的十个地方，马里亚纳海沟只排第三》

《从月入2000到月入50000，我用了这些方法》

4.2.2 封面

在许多短视频平台中,短视频都会有一个展示封面的区域,需要用户在点击封面之后才能开始观看短视频内容。因此,一个好的封面对于短视频的吸粉引流非常重要。

我们若想让自己的短视频在众多短视频中脱颖而出,就要先了解封面的各种信息以及层级划分:一级为主要信息,用于吸引用户眼球,使其停留并点击、观看;二级为次要信息,用于增强用户的浏览欲望;三级为其他信息,用于丰富短视频画面。

我们在制作短视频的封面时,需要将主标题、副标题、图片和其他元素搭配组合运用,这样才能取得更好的效果。下面介绍几个简单的组合运用方法。

①主标题(主要信息要突出)+副标题(次要信息——简介或补充说明文字)+小插图(丰富画面),如图4-2所示。

图 4-2

②主体形象（更多是为打造人设或记忆点）+简洁的文字标注（标明短视频主题），如图 4-3 所示。

图 4-3

③如果是风景、摄影、旅行等短视频，或是记录生活的

Vlog，封面应以展示短视频的内容为侧重点，无需过多的修饰，即在短视频本身画面的基础上简单处理，或者添加简单的文字即可，如图4-4所示。

图4-4

④如果是美食探店、美食教程类短视频，创作者可以将食物放在封面上，并用好看的字体加上一些文案，使用户有点击观看的欲望，如图4-5所示。

第 4 章 吸引人的短视频创作技巧

图 4-5

⑤如果短视频内容以重要性和实用性为主，这个时候可以直接在封面上添加关键词（可以是对用户的建议、忠告等），并以此作为封面的主要内容，如图 4-6 所示。

图 4-6

⑥如果是测评类、伪科学揭秘类或是内容有前后比较的短视频,我们可以直接把对比结果放在封面上,利用对比、反差、红黑榜等方式吸引用户,如图 4-7 所示。

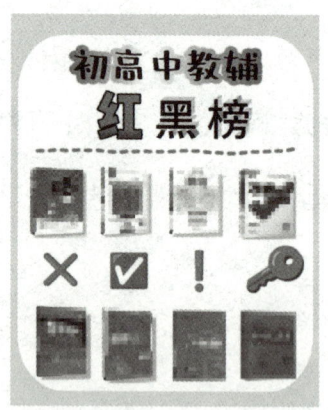

图 4-7

⑦如果是知识类短视频,创作者可以选取网络上好看的创

意图作为封面,添加简约样式的文字。这类短视频的封面只需要说明自己想要表达的内容即可,如图4-8所示。

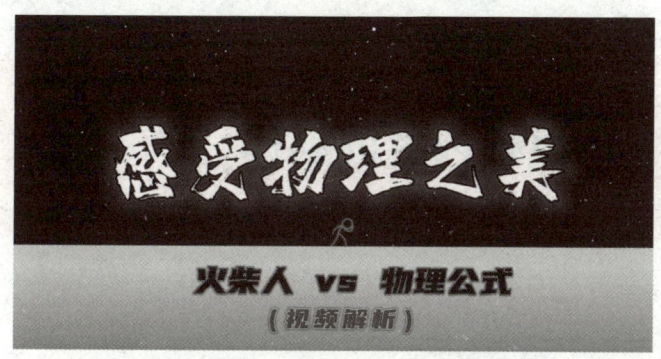

图4-8

制作短视频封面的方式有很多种,创作者不需要只采用某些固定的方式来制作,可以有自己的创意、想法和见解。另外,创作者只要把握好简洁明了、引人注目、突出主题、情感共鸣等众多要素中的一个或多个并合理使用,举一反三,就能制作出吸引用户眼球的短视频封面。

4.3 短视频内容的创作

众所周知，一条短视频是否优质，是否能够达到吸粉引流的目的，最重要的影响因素是内容质量。那么，好的内容是否有绝对的标准呢，应该如何创作呢？

通常情况下，短视频的内容是否算得上好是没有绝对标准的，但是，创作者在创作内容时是有技巧的。下面，我们主要介绍两种技巧，若创作者能够熟练掌握并合理运用，一定能为短视频锦上添花。

4.3.1 起承合

我们都知道"起承转合"是一种非常常用的写作方法，但是在短视频创作中，受时长的影响，文案内容不宜过于冗长。

因此，为了适应短视频的需要，并且更好地把控短视频的时间节点，将"起承转合"的"转"删掉，归结成了"起承合"的创作方式。这种方式非常适合时长在 30 秒以内的短视频。

① 起

对于一篇文章而言，好的开头十分重要，同样，对于短视频而言，开头前几秒（通常在 5 秒内）的内容也是非常重要的，因为这部分内容就是要迅速吸引用户眼球，使其愿意继续观看。其实，对于这部分内容的处理相对简单，创作者可以在短视频的前几秒插入标题的音频，这也是多数短视频创作者经常使用的方法。

比如，在一条炸鸡柳的教学短视频中，创作者将"校园门口巨好吃的炸鸡柳""外焦里嫩的秘诀""我帮你们总结好了"等文案和相应音频放在短视频的开头，如图 4-9 所示。当感兴趣的用户接收到"校园门口""好吃""炸鸡柳""秘诀"等关键词时，自然会停留并点击观看。

图 4-9

② 承

我们利用"起"的创作手法成功吸引观众的目光,但是要想让观众持续观看,就需要做好"承"的部分。

"承",即承接上下文,并加以详述。我们可以在这部分设计悬念、诱因。

继续使用"炸鸡柳"的短视频举例。我们可以在开头"起"的部分结束之后,接上一些试吃的片段,如大家试吃后的表情、动作等,或者继续用语言描述加深炸鸡柳在观众心中的地位,如图 4-10 所示。

简单地说,这个阶段要做的事,就是在前面"起"的基础上再加深观众对于短视频内容的兴趣。

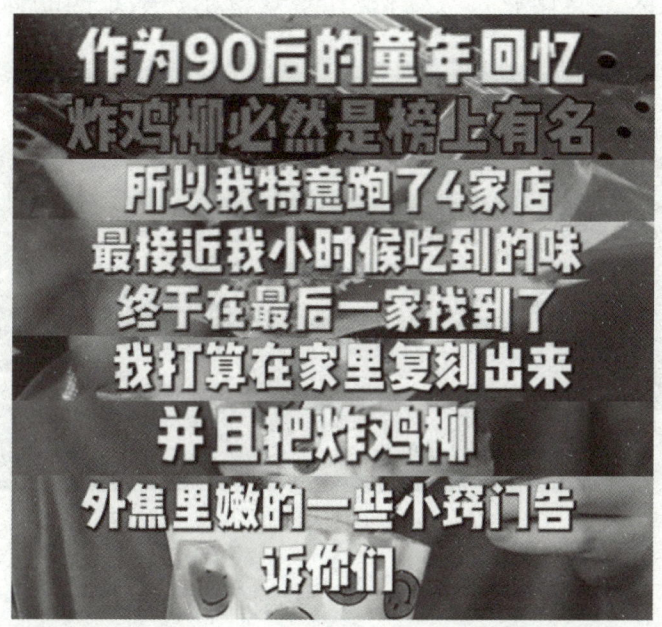

图 4-10

❸ 合

短视频在"起""承"之后的所有内容都属于"合"的部分，这一部分就是这条短视频核心内容的体现，所以这一部分也是尤为关键的。

而在这一部分我们要做的，就是让观众付出一些东西，可以是观看完整个短视频的时间，也可以是通过制造一些话题让观众评论，或者是升华主题让观众点赞，等等。

依旧拿"炸鸡柳"的短视频举例，可以在短视频中间放上

一些有用的小知识、小窍门，也可以在短视频的最后让观众在评论区"交作业"，这就是让观众付出一些东西的体现，如图4-11所示。

图 4-11

4.3.2 峰值定律

如果你制作的短视频时长超过 30 秒，那么前面的"起承合"，就只能承担前半部分的内容，而后半部分就需要用峰值定律来辅助了。

峰值定律是指人对于体验的回忆并不与当时的实际体验相符，回忆其实只是由情绪高峰和情绪结尾来决定的，只要这两个节点是快乐的，那么整段体验的回忆就都是快乐的。

比如，在我们去游乐园的时候，就算排队排了几十分钟，坐过山车的过程只有 3 分钟，但是在之后，我们整体的回忆都是快乐的，因为人的思维方式决定了，我们印象最深的就是过山车从顶峰冲下来那一刻的刺激感，还有结束之后下车时的如释重负或意犹未尽，而前面排队的几十分钟其实在我们的回忆中会慢慢被淡化。利用好这一点，能够使我们的短视频让观众更加印象深刻。

那么我们应该怎么做呢？

这个定律中提到的两点是高峰和结尾。其中，高峰需要在前半部分"起承合"中来体现，而结尾就交由后面的部分解决。比如，很多短视频创作者会在结尾时加上特殊的标语、动画以及自己的头像等，加深观众对账号的印象；又如，在结尾时升华主题，让观众思考；再如，把最后一个笑点尽量放到最后等。处理方式有很多，我们可以在多次尝试之后找到最适合自己的处理方式。

4.4 抓住时下热点的技巧

某种程度上来说，短视频是一种时效性极强的信息媒介，因此，抓住热点很重要。那么，创作者应该如何抓住时下热点呢？

我们刚开始做账号的时候对于时下热点其实是比较难以把握的，有时候我们在网上看到一些热点内容，等到自己做完短视频上传之后，其热度已经所剩不多了。因此，我们不仅要抓住时下热点，还要"快速"抓住时下热点。

在大部分类型的短视频中，有种热点一般被称为"热梗"。所谓热梗，就是在某个特定时间段内或某种语境中被广泛使用的网络用语或短语，通常具有幽默搞笑或引人共鸣的特点。

这些热梗通常出自社交媒体、短视频平台、影视剧、综艺、春晚等，是有实效性的，过了一段时间后，之前的热梗往往会被扣上"老梗""烂梗"的标签。

当然，一些能力比较出众的短视频创作者有一定的造梗能力，比如，很多人都听过的"加油奥利给"，就是因为某些网红魔性的表情和语气让大家争相模仿而火起来的。但是，对于大部分普通人来说，"造梗"并不是一件简单的事情。我们作为普通的短视频创作者，虽然"造梗"的难度不小，但是换个思路想想，"跟风"也不失为一种好办法。把网络上的热梗放进自己创作的短视频中，带上特定的话题，就可以分到一些属于这个热梗的流量，这也是一种比较简单并且效果不错的方式。

而想要比别人更快速地了解这些热梗，就需要多看看自己所在平台的热搜榜、话题榜等，观看这些榜单上的热门短视频，学习头部创作者是如何使用这些热梗的，从中学习使用的方法，或者创造出新的使用方法，也许下一个能够造梗的网络达人就是你了。

另有一部分短视频创作者，如新闻类、知识类、干货类短视频的创作者，他们需要的时下热点就不是热梗了，而是真实的新闻热点。这部分创作者如果想要抓住时下热点，就应该多关注社交媒体和新闻网站，或者关注自己创作方向的行业内动态和趣事，然后在短视频中针对这些热点内容表达一下自己的看法和观点，或者告诉观众在新形势下应该做些什么让自己取得优势，等等。

4.5 重视短视频的拍摄与剪辑

短视频的拍摄和剪辑都是为了保证短视频最终能够在观众面前呈现出来的效果而服务的，这对于一条短视频的成功与否起到了至关重要的作用。因此，对于短视频新手来说，一定要重视短视频的拍摄与剪辑过程。

4.5.1 短视频的拍摄注意事项

如今，由于手机等设备的发展，短视频的拍摄门槛已经非常低了，哪怕是没有任何经验的人也能轻松上手。下面，我们讲一下新手拍摄短视频时需要注意的事项。

❶ 剧本

在拍摄短视频之前，我们需要先制作一个精心设计的剧本，就算是看似随意的 Vlog，也会有一个剧本来支撑。有条理性地拍摄才能够让你的短视频更加精彩（随手拍记录生活除外）。剧本模板如图 4-12 所示。

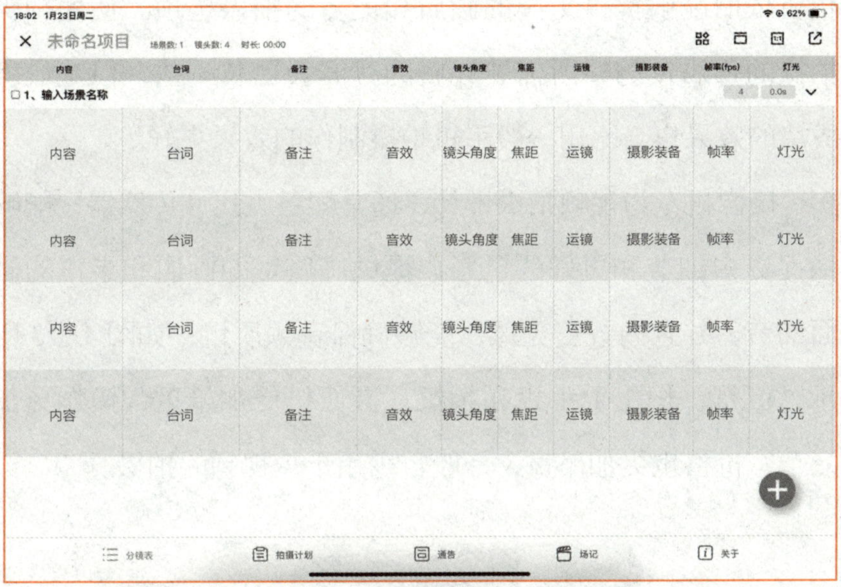

图 4-12

❷ 工具

正所谓"工欲善其事，必先利其器"，我们在拍摄之前需要准备好合适的设备。拍摄一般短视频的工具就是手机，如果是拍摄较为专业的内容可以使用相机或摄像机。

现在手机的摄影性能逐渐提高，不少手机的像素已经超过了一亿像素，甚至有不少手机已经能够拍摄 4K 视频，而且手机自带的滤镜和美颜功能也能够很好地辅助创作者的创作，减少之后剪辑花费的时间。

虽然手机摄影能够达到的效果已经很优秀了，但是专业的相机依旧能够提供更高的画质和更多的拍摄选项。使用相机拍摄的话后期剪辑所需要耗费的时间会更长一些，但是最终成片的效果也会比用一般手机拍摄制作的效果更好。

摄像机专为视频拍摄设计，通常配备大尺寸传感器，能够捕捉更多细节和更好的色彩，提供高质量的画面和丰富的画面细节，并且内置麦克风，能够确保音频质量，如图 4-13 所示。但是，相比于手机和相机，摄像机更加笨重，操作更加复杂，价格也更加昂贵，一般较少用于短视频的拍摄。

图 4-13

第 4 章 吸引人的短视频创作技巧

❸ 光影和色彩

光影对于短视频来说是很重要的，光影的运用能够很大程度上影响短视频的氛围和感染力。比如，我们在拍摄证件照的时候，摄影师会在我们的脸部附近打一些光，让我们的五官更加清晰，这就是一种简单的对于光影的应用。在实际拍摄过程中，我们也可以通过人造或自然的光源来让我们的短视频画面更加清晰，如图 4-14 所示。

图 4-14

背景和人物的色彩搭配，或者人物之间的色彩搭配等，对于短视频的内容呈现也是很重要的。比如，拍摄在沙滩上游

玩的短视频时,穿一身紫色的衣服大概率不如穿天蓝色的衣服,一身紫色的衣服甚至会给这个场景增加几分违和感,影响观众的观看体验。

④ 构图、运镜和景别

在拍摄短视频的过程中,构图、运镜和景别也是十分重要的内容。

构图是指通过对画面中人或物的位置、角度等进行调整,使主体更加突出、画面更加美观和谐。构图方法主要包括线性构图、中心构图、对称构图、九宫格构图、框架构图等。

运镜是指通过移动镜头有效地引导观众视线并控制画面节奏,使观众的关注点放在画面中的主体上。运镜方法主要包括推镜头、拉镜头、摇镜头、跟镜头等,以及这些基础方法的组合运用。

景别是指通过主体在画面中占比大小的变化,表现出主体与拍摄者在距离上的变化,给观众带来不同的观看感受。景别分为特写、近景、中景、全景、远景五种。

掌握上述方法并灵活运用可以为我们的短视频增光添彩。

4.5.2 短视频的剪辑注意事项

剪辑也是短视频制作中不可或缺的一部分，能够让我们更好地突出内容主题和画面效果，更好地表达我们想要表达的东西。如今的手机剪辑软件有很多，如剪映、快影、必剪等，功能都十分丰富，可以帮助新手在手机上轻松剪辑出想要的效果。下面，我们讲一下新手剪辑短视频时需要注意的事项。

① 转场效果

在我们拍摄短视频的时候，如果发生了场景转换，在一段短视频中出现了转折，就需要通过添加转场效果来过渡一下了。转场效果可以是滤镜、动画等，安排合适的转场效果可以让画面过渡更加自然，也可以让短视频的趣味性更强，如图4-15所示。

图 4-15

② 视频配乐

在我们创作的短视频中，合适的配乐也是必不可少的，不同类型的短视频需要搭配不同风格的背景音乐，合适的配乐可以在内容呈现上达到锦上添花的效果，而不合适的配乐容易让观众产生违和感，甚至会让观众感到不适。

比如，拍摄日常 Vlog 的时候可以选用比较轻快、优雅的音乐；拍摄搞笑类短视频的时候就可以选用比较欢快、有趣的音乐；制作知识分享类短视频的时候就应该选择比较舒缓的音乐，等等。

那要在哪里找到这些音乐呢？如图 4-16 所示，我们可以在平时利用音乐软件多听多看，或者在看别人的短视频时注意其背景音乐，遇到自己喜欢的音乐就留意一下，加入歌单，等到需要的时候就可以快速选用了。

图4-16

③ 创新特效

为了让我们的短视频更有趣味性和创意性，我们可以在剪辑的时候适当地加入一些创新特效，使之与画面内容或配乐巧妙地结合在一起，从而让我们制作的短视频变得更加生动有趣，甚至可以让其成为你的独特符号。

比如，在表现悲伤的气氛时添加雪花飘落的特效，在表现动感画面时添加酷炫的彩色灯光特效，在表现搞笑人物表情时添加大头特效，等等。

4.6 利用关键词和标签提高曝光率

在大部分短视频平台的算法中，符合自己短视频内容的关键词和标签，不仅能够让短视频的曝光率得到提高，还会在用户搜索时被放置到比较靠前的位置。我们可以根据以下几个方法来优化短视频的关键词和标签。

❶ 从主题出发

我们在创作短视频的时候就要先想好，这一条短视频的主题是什么、目标受众是谁，要根据这些因素来确定短视频内容的关键词，以及能够吸引目标受众的关键词。

❷ 清晰描述

在上传短视频时的描述界面中使用我们拟定好的相关关键词进行描述，可以让平台算法和平台的搜索引擎更好地理解关键词，这样在用户搜索的时候，我们创作的这条短视频就会出现在比较靠前的位置。

❸ 添加话题标签

在上传短视频时，添加一些和短视频内容相关的话题标签。这样，平台算法在投放短视频的时候就会和拥有相同标签的短视频一起投放，而且还会让这条短视频出现在相关的话题标签下，也能提高一定的曝光率。

当然，不管是用什么方法来提高短视频的曝光率，短视频的内容质量不过关也是不行的，只有短视频本身的质量足够优秀才能真正吸引并留住粉丝。

4.7 避开禁忌与违规内容

我们知道,每个行业都会有一些自己的禁忌,短视频平台也是如此,平台会规定一些违禁内容,如果创作者在制作短视频时将这些违禁内容放入其中,即使你的内容创作得再好,也很可能会被平台限流扣分,严重的可能导致短视频无法过审,甚至会有封号的风险。

那么,违禁内容一般有哪些呢?

1 违法类

违反法律法规的内容不允许出现在短视频中。比如,淫秽、暴力、恐怖、血腥、赌博等,以及抹黑党和国家,散布对祖国不利的谣言,暴露我国的军事力量,等等,都是绝对不能出现在短视频的内容中的。

❷ 侵权类

所有侵犯他人合法权利的内容也不能出现在短视频创作中。比如，侵犯他人隐私权、名誉权、知识产权等，具体来说，如偷拍、抄袭、恶意丑化别人等行为都是不能出现在短视频中的。

❸ 观感不适类

各种引起人生理不适的画面，都不应该加入短视频中，如果因为剧情需要一定要加入这样的片段的话，最好在这些画面上添加马赛克。

❹ 歧视类

歧视、侮辱他人的内容也不能出现在短视频的内容中。比如，种族歧视、地域歧视、公然辱骂他人等行为，都不可以出现在短视频的内容中。

❺ 虚假欺骗类

各种短视频平台都不允许在短视频中添加虚假欺骗类内容，如虚假广告、虚假宣传、带货假冒伪劣产品等。

⑥ 违反道德类

所有违反公序良俗、违反社会道德的行为都不应该出现在短视频中,如不尊老爱幼、虐待小动物等,要保证内容的正能量。

总而言之,我们作为短视频创作者,一定要做到不违法、不违规、不违反公序良俗,传递积极、健康、有益的信息。

第 5 章　通过运营吸引流量的技巧

在当今时代，精准地把握受众群体的喜好是各个领域成功的关键因素之一。只有深入了解目标受众的需求、兴趣和行为，我们才能更好地满足他们的期望，与他们建立紧密的情感连接。本章将探讨如何通过打造独特的人设与风格、与观众积极进行互动等方式，精准洞察受众群体的喜好，并对成功案例进行分析，供大家参考学习，帮助大家在竞争激烈的短视频领域脱颖而出，实现商业目标和个人成功。

5.1 打造独特的人设与风格

当今的媒体和娱乐行业，尤其是在短视频领域，要想吸引观众的注意力，就要保证自己的内容质量优秀且与众不同。为了实现这一目标，创作者需要确立专属于自己的独特的风格和人设。本节将从"人设与风格的重要性"和"如何打造人设与风格"两点出发进行具体阐述，帮助你打造专属于自己的人设与风格。

5.1.1 人设与风格的重要性

无论是在电影、电视、音乐、短视频领域还是在其他领域，一个成功的作品往往都会有属于自己的独特风格，这种风格可以通过视觉、听觉或叙述方式呈现给观众。比如，王家卫的电影是以独特的视觉美感和多故事、多人物的暧昧的叙述风格闻名；周杰伦的音乐是以强烈的个人色彩和多元素融合的音乐风格而被大众所喜爱。短视频也是如此，一个独特又引人注目的风格能够让你的短视频在一瞬间吸引观众的注意，一个有个性、有温度的人设则可以让你拉近与观众的距离，建立紧密的联系。

然而，在如今的短视频市场上，同质化、扁平化的账号很多，想要在这么多同质化的账号中脱颖而出，就需要与它们有所不同。

那要如何做到有所不同呢？这就需要打造一个独特的风格和人设，给自己的账号打上标签。当然，这里的独特并不需要前无古人后无来者的完全创新，只要能够区别于市面上大多数同质化的账号，且融入一些自己的巧思，就足够让你的账号脱颖而出了。

当你制作的短视频能够吸引观众并且引发他们的注意、勾起他们的兴趣，让他们对你创作的内容产生共鸣的时候，这些观众就能够自然而然地转化成你的粉丝，甚至把你推荐给身边的好友，从而帮助你扩大账号的影响力。

因此，能否打造独特的风格和人设，是一个短视频账号能否成功的关键要素之一。

5.1.2 如何打造人设与风格

我们作为短视频创作者，要如何打造自己的人设与风格呢？下面，我们讲几个具体的操作方法。

1 发掘自身

从自身出发，我们要了解自身的兴趣爱好、能力、个性、气质等，将这些专属于自己的特点融入人设中，展示出专属于自己的一面。

下面，我们举几个例子。

羽毛球运动员可以将自己的人设确定为"羽毛球运动达人"，而短视频风格就可以是规范的"运动教学"或有趣的"比赛精彩集锦"等。

擅长穿搭的博主可以将自己的人设确定为"穿搭推荐达人"，而短视频风格就可以是精致的"穿搭分享"或休闲的"穿搭 Vlog"等。

厨师可以将自己的人设确定为"美食制作达人"，而短视频风格就可以是条理清晰的"美食制作教学"或纯粹直接的"美食分享"等。

❷ 明确受众

在发布了一定数量的作品之后,我们可以看看自己的粉丝和目标受众大概是哪一部分人,然后再根据自己的粉丝和观众进行深化,了解他们的兴趣爱好、价值观和情感需求,再根据这一部分来完善自己的人设与风格。

以美食创作者举例,如果你的大部分粉丝和观众是"70后""80后",那么后续的作品内容可以朝家常菜的方向继续深化;如果你的大部分粉丝和观众是"90后""00后"的话,那么后续的作品内容可以朝"西餐制作"或"创意美食"的方向深化。

❸ 寻找灵感

对自己的粉丝和目标受众有了充分的了解后,我们就会对自己要做的短视频内容有更清晰的认识。但是,每一个创作者可能都会遇到没有灵感的情况。这时,可以适当观察同类型的成功的短视频账号,分析其对人设与风格是如何打造的,并且从中汲取灵感。但是,我们不能抄袭或单纯进行简单的模仿,而是要将得到的灵感和自己的特点相结合,从而有助于打造我们自己的人设与风格。

❹ 保持一致

在确定自己的人设与风格之后，就要坚持下去，保持一致性，这有助于提升观众对账号的认知度和信任感，也能够加深观众对你的印象。不论是短视频的拍摄，还是后期制作，都需要围绕着确定好的风格和人设进行，避免因账号内容过于跳脱，导致平台的算法机制给账号打上不符的标签。除此之外，账号名称和头像应该尽量少更换或不更换，当观众对你的账号名称和头像都有了记忆点之后，贸然更换账号名称和头像可能会导致粉丝的流失。

❺ 继续提高

人设与风格并不是一成不变的，当自己的受众群体产生变化或者因为时代变化而导致社会导向改变时，我们的人设也需要深化或改变。因此，我们应该秉持着开放进取的心态，不断学习、改进，完善自己的人设，以适应市场和观众的需求。

5.2 互动的技巧

优秀的短视频创作者不仅要能创作出高质量的作品,还要在短视频平台中进行多种形式的互动,如与观众互动、一人多号、双边互动、参与平台活动等。这些互动不仅为创作者提供了更多展示自己的机会,也给观众带来了更加丰富的体验,并且拉近了创作者与观众的距离。

5.2.1 与观众互动

在短视频领域,创作者与观众的互动是至关重要的。通过与观众建立起情感联系,可以提高观众对创作者的好感度,让观众能够感受到短视频的创作者是一个活生生的人,这样也能够建立比较忠实的粉丝群体,继而在竞争激烈的市场中脱颖而出。

那么，如何通过与观众互动来增加好感度呢？下面，我们将为大家提供一些非常实用的策略和技巧。

1 回复评论

创作者应该及时回复观众的评论，比如，感谢观众的喜欢，或者以幽默的方式回复观众；可以对提出问题或表达赞赏的评论重点关注，也可以给某些观众的评论点个赞，如图5-1、图5-2所示。这样评论区的观众看到了创作者的回复，让其感受到被尊重，也会大大提高评论的积极性，增加互动的趣味性和好感度。

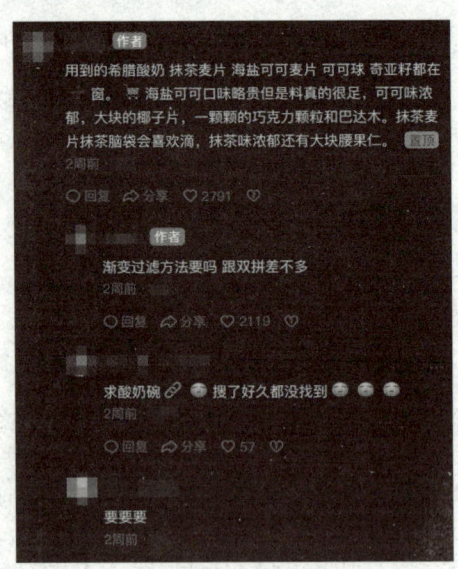

图 5-1

图 5-2

❷ 引导互动

创作者可以通过在短视频内容中设下引子,让观众跟随着这个引子来回答问题,或者完成模仿操作,如图 5-3 所示。比如,在很多美食教学类短视频的评论区里都会有粉丝"交作业"的评论,在测评类短视频的评论区里会有观众指明想要让博主测评的东西,等等。

创作者也可以设置一些具有挑战性的游戏,或者设置投票等。类似的引导方式还有很多,可以激发观众的参与感,增加互动的机会。

图 5-3

③ 社交平台互动

在短视频平台上有时候互动可能并不太方便，所以除了在短视频平台，还可以在微博、微信公众号、QQ 等社交平台和粉丝进行互动。

比如，有些测评类短视频的创作者会在自己的微信公众号上发出测评结果的详细内容，有些美妆类短视频的创作者可能会有自己的网店，很多粉丝较多的短视频达人往往都有自己的粉丝群，等等。这些社交平台互动方式不仅可以增加自己在其他平台上的流量，也可以提高粉丝的黏性。

4 个性化互动

创作者在回复观众评论、与观众互动的时候尽量做到个性化，让观众真真切切地感受到与他互动的是一个有着自己思想的"活人"，而不是冰冷的机器，让观众觉得他与创作者是在一对一地进行交流，这样也可以增加观众对创作者的好感度和忠实度，如图5-4所示。

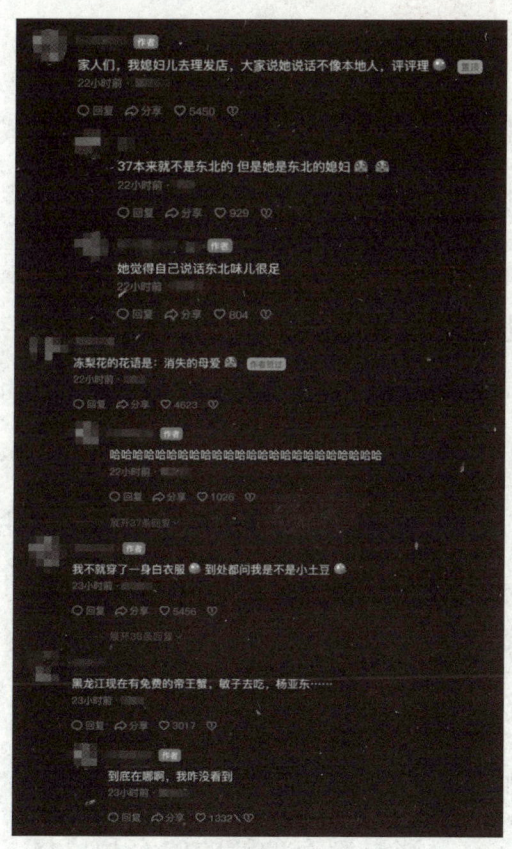

图5-4

5 定期更新

创作者应该保持一定的更新频率，定期发布新的短视频内容，并且在一定程度上参考观众的意见，创作观众喜欢的、想看到的内容，这样就可以确保自己的作品能够快速吸引观众的注意，持续引发观众的评论，不断提高粉丝的黏性。

5.2.2 一人多号

一人多号，顾名思义，就是一个人使用两个或多个账号在短视频平台上进行创作和互动。这种做法有许多优点，可以让创作者更好地细分自己的创作领域，针对不同的主题和风格进行个性化的内容展示；每一个账号拥有更加细化的标签，让平台算法可以更加精准地将账号推送给相应的受众，从而扩大创作者的影响力和粉丝基础。

比如，创作者可以在自己流量较高的账号的主页介绍自己的另一个账号，从而让自己的两个账号共享流量，并且两个账号吸引到的不同类型的粉丝也可以互相转化，达到吸粉引流、提高曝光度的目的。

当然，创作者在短视频平台上进行一人多号的操作时，还需要注意确保每个账号都有独特的内容和风格，避免内容同质化。同时，身为创作者的我们也需要合理安排时间和精力，确保能够充分维护每个账号的观众群体。

5.2.3 双边互动

双边互动是指创作者与创作者之间的互动交流。在短视频平台上，创作者不仅仅可以和观众、粉丝进行互动，也可以与其他的创作者进行互动。创作者之间不论是在评论区进行互动，还是在短视频内容中进行互动，都不失为一种吸粉引流的好办法。

在双边互动过程中也需注意，如果只是在评论区进行简单互动的话，创作者双方不能出现引战、违法信息等。

通过双边互动，创作者可以更好地引起观众的注意，吸引到不同兴趣爱好的粉丝，截取不同赛道的流量，也可以将几个不同类型的创作者的粉丝和流量进行互相转化。

5.2.4 参与平台活动

短视频创作者积极参与平台活动，不仅可以提升账号的曝光度和粉丝互动量，还能增加内容创作的灵感和商业转化的机会。具体内容如下。

①关注平台公告：经常浏览短视频平台的官方公告和消息，了解最新的活动信息、规则以及奖励机制，如图5-5所示。

②研究活动趋势：分析平台上热门活动的类型和趋势，如话题挑战、节日庆典、节日促销等，以便更好地融入和策划相关内容。

③参与话题挑战：积极响应平台的话题挑战活动，创作符合挑战要求的短视频，并添加相关话题标签，增加曝光机会。

④参与互动活动：关注平台上的抽奖、答题等互动活动，积极参与并分享活动信息，吸引更多粉丝参与。

图 5-5

总之，短视频平台中的一人多号与双边互动为创作者和观众带来了更多的可能性和互动机会。它不仅丰富了短视频的内容生态，也促进了创作者与观众、创作者与创作者之间的紧密联系。在这个多元化和互动性很强的短视频领域里，我们可以期待未来有更多创新的互动方式。

5.3 适合商家的引流技巧

不仅是个人创作者,对于很多入局短视频电商领域的商家来说,在当下这个激烈的市场竞争环境中,同样需要运用一些技巧来吸引粉丝。以下是一些可供商家参考的引流技巧。

1 赠品引流

大众对于利益的需求往往会成为引流的一种方法,因此,恰到好处地给予赠品可以更容易地吸引观众驻足。这种方法的核心在于着重展现赠品本身,体现其价值,将想表达的内容清晰、充分地呈现出来。此外,也可以将当下热门事件、热门话题与自己的赠品巧妙结合,以一种富有趣味的形式展现赠品的价值。这样它就不仅仅是简单的赠品了,更是一种吸粉引流的手段。

② 讲品牌产品故事

许多消费者都喜欢听故事，尤其是品牌和产品背后的故事。因此，如果能够讲好故事，就能从情绪方面打动观众。比如，某个香薰品牌在短视频中讲了自己的香薰产品背后的故事，从原材料的选取理由到瓶身设计，从名字起源到提炼过程，它讲述的不仅仅是一款香薰产品，更是背后的深层次内涵，从而打动了广大消费者。

③ 游戏互动

随着短视频平台的发展和扩大，商家创造的简单小游戏往往也能吸引一部分用户的关注。比如，某个商家设计了利用快速运动的画面进行截图的游戏、头脑测试类游戏等，让用户在玩游戏的过程中不知不觉就被成功吸粉。

5.4 成功的短视频创作者案例分享

5.4.1 美食类短视频创作者成功案例

某美食类短视频创作者长期致力于家常菜烹饪分享与教学,在抖音平台拥有3000多万粉丝。他的成功可能有以下几个原因。

① 独特的个人风格

该创作者在短视频中展示出了独特的个人风格,他的幽默风趣和流利的口才征服了一大批观众,而且他在每一个短视频的结尾都会加上自己的专属标语——"记得按时吃饭"。这些独特的个人风格让大量观众与其产生了心灵上的共鸣。

❷ 精准定位观众群体

该创作者清楚地知道自己的受众群体的定位是"独居""年轻""打工人"等。虽然这个定位会有小部分的出入,但是他的大部分观众都符合这些标签中的一两个,因为这部分人很可能有自己做家常菜的需求,但是又不太熟练,需要教学短视频的帮助。

❸ 过硬的专业实力

作为一名家常菜教学达人,他的自身实力也是过硬的,经过他分享出来的菜谱,大部分都是步骤简单、色香味俱全,这也是他能够成功的一个重要原因。

❹ 多平台发布

该创作者不仅仅是在单个平台上发布短视频,他同时经营多个平台上的账号,这有助于他扩大自己的影响力和受众群体。

5.4.2 搞笑类短视频创作者成功案例

某搞笑类短视频创作者,在抖音平台的粉丝数达到了2000多万。他的成功可能有以下几个原因。

1 独特的个人风格

该创作者的个人风格幽默风趣,加上自己比较有特点的外貌,夸张的动作、语言、表情等,很容易让观众捧腹大笑、印象深刻。

2 创新的内容

作为一名内容创作者,他在短视频中加入了很多生活琐事、热点话题等,和观众产生共鸣又不落俗套,让观众觉得亲切有趣,但又不是一成不变的。

3 善于联动

在他的短视频中,时常邀请其他的同类型短视频创作者一起进行创作联动,这样不仅能够保持良好的创作水准,还能让两位创作者的粉丝在看到短视频后感到眼前一亮,让双方的粉丝互相转化,实现共赢。

5.4.3 生活类短视频创作者成功案例

某对闺蜜 A 和 B 用第一人称视角记录她们的日常生活,在爆火之后迅速积累了 3000 多万粉丝。她们的成功可能有以下几个原因。

1 独特的人设

她们以搞笑的日常生活为主要的拍摄方向，A 负责出镜，B 负责拍摄及画外音。在拍摄过程中 B 不曾出镜，只闻其声不见其人，具有很强的神秘感。A 不管是在短视频中还是在线下被粉丝遇见时，都保持着一贯的幽默搞笑，人设统一。

2 代入感强

对于生活类短视频而言，观众在观看时的代入感很重要。而她们的短视频总是给人一种极强的代入感，这主要是因为她们的运镜和内容设计。

首先是运镜，B 始终采用第一人称的运镜，并且她把摄像头的高度放在和自己视线齐平的位置上，这样就增强了观众的代入感。

其次是内容设计，虽然她们的主题很多样，但是大都是闺蜜之间比较关心、经常会提及的话题，因此对于女性观众来说代入感很强，就像自己在和闺蜜聊天一样。

3 增强真实感

在她们的短视频中适当地放大了出镜者 A 的一些缺点，如护食、爱表现、抠门、懒惰、发际线高等。在互联网上，大部分人都是想尽办法把自己的缺点隐藏起来，尽量展示出一个完美的自己，但是她们却相反，不仅没有掩饰缺点，反而还在一定程度上放大了这些缺点。这种放大缺点后的失真反而成了一种真实感，而这也符合她们的账号定位，毕竟闺蜜之间就是应该坦诚相对的。因此，她们抓住了广大观众的眼球，也让粉丝的黏性越来越高。

5.4.4 影视解说类短视频创作者成功案例

某影视解说类短视频创作者在各个平台都很活跃，在全网粉丝量超过了 6000 万，是抖音上粉丝量最高的几个创作者之一。该创作者能够如此成功的原因可能有以下几点。

1 账号风格

相信大家都曾经听过"这个男人叫小帅"这句开场白，该创作者就是比较早运用这句开场白的人，然后这句开场白被其他影视解说类创作者广泛运用，慢慢辐射向其他类型的短视频，成为一个热梗。而该创作者在这句开场白成为"烂梗"之前，就果断地不再使用这种风格解说，避免和其他同类型账号产生同质化。

② 解说内容

该创作者常常选择高分电影进行解说。这类电影精心制作的大场面较多，往往剧情也更加丰满。他用富有磁性的嗓音为短视频配音，将电影最精彩的部分呈现在观众面前，有利于将这些电影的粉丝转化成他自己的粉丝。

③ 紧跟时事

该创作者时常关注时事新闻，从不断产生的社会热点中汲取灵感，并且用解说电影的方式和自己独特的风格讲述一些与热点相关的话题，不断带给观众新的体验。

④ 用心制作

该创作者从看完一部电影到解读、编写文案、剪辑，最后制作出一期短视频，往往需要很长一段时间。而在这种情况下，该创作者还能保持着不俗的更新速度，并且保证短视频的质量，很难不让广大粉丝喜爱和支持。

5.4.5 品牌方短视频创作者成功案例

某咖啡品牌的短视频账号发布了一系列短视频，主题为"夸夸的快乐",通过真诚地赞美客人体现服务的热情,如"您今天的气色真好""您的衣服搭配好漂亮"等。该品牌账号在抖音平台的粉丝数已经达到了 700 万,其成功可能有以下几个原因。

① 精准把握用户需求

现代消费者在消费的过程中更加关注深层次的服务与内容,他们认为情绪价值的提供和情感的满足能够带来更好的服务体验,他们会认为被重视、关注与认可。因此,通过开展这样的活动,并将过程集合成短视频发布,形成广泛的短视频营销,能够线上线下同步提高效率,更高效地转化粉丝。

② 创造独特的消费体验

在竞争激烈的市场大环境下,该咖啡品牌独辟蹊径,创造新的赛道,用这样一种全新的服务模式结合自身的产品,带给消费者独一无二的消费体验。这种"夸夸"服务让消费者在享受咖啡的同时,还感受到了被重视的情绪,极大地满足了他们的情感需求。这种独特的消费体验让该品牌在同类商家中迅速脱颖而出。

③ 利用社交媒体传播

该品牌最重要的辅助动作,就是在发布短视频本身内容的

同时，积极开启新话题，结合新热点，引发广大用户的参与讨论，迅速扩大品牌的影响力和覆盖面。这样的传播不仅能够吸引大量新用户的关注，也巩固了老用户的忠实度，在社交媒体上形成了良好的口碑。

总之，成功的短视频创作者有很多，每个人都有适合自己的一条路，以上这些成功的案例只能作为参考而不能直接复制。想要在短视频领域取得成功，必须明确自己的人设和风格，保质保量地制作内容，用心经营账号，重视与观众互动，持续努力并不断创新。

第 6 章 玩转短视频的进阶内容

经过前面内容的学习，相信大家已经初步了解了在短视频平台应该如何吸粉引流了。但是，如今的短视频领域中充满了竞争和挑战，观众对短视频的要求也在不断提高，因此，对于短视频创作者来说，如果想要玩转这一领域，掌握本章所讲的进阶内容就显得尤为重要。

6.1 优化呈现质量

作为短视频创作者，一条制作完成的短视频就是我们给观众呈现出的最终结果，短视频的质量高低很大程度上决定了观众能否喜欢我们的作品，因此，我们必须尽可能优化短视频的呈现质量。我们可以从拍摄水平和剪辑技巧两方面入手。

6.1.1 提升拍摄水平

首先，在我们决定对自己的拍摄水平进行提升的时候可以选择参加相关课程，阅读一些专业性的书籍。如今在各种短视频平台上都有很多的创作者分享自己在拍摄方面的心得技巧，我们可以多看这类分享内容，博采众长，提升自己。同时，实践也是很重要的，要多拍多练、不断尝试、不断改进，纸上谈兵的行为不可取。

其次，在拍摄时我们可以选择合适的设备。比如，一台好的相机能够让最终呈现出来的画面更加清晰，一个云台可以有效地减少画面抖动，一个麦克风可以让收音更加清楚，等等。除此之外，还有镜头、反光板、三脚架等辅助设备，大家可以考虑自己的实际需求，酌情购买。

最后，当我们的拍摄技巧逐渐成熟了之后，可以多尝试一下创新和试验，如低角度、高角度、特殊的光线效果等，给自己的短视频增添更多的质感和创意。

6.1.2 提升剪辑技巧

我们可以学习使用更加专业的视频编辑软件，如 Adobe Premiere Pro、Final Cut Pro 等，来对短视频进行更高级的后期制作。

学会了软件的基础使用方法之后就可以开始学习掌握一些基础的剪辑技巧，如交叉剪辑、匹配剪辑、跳跃剪辑、隐形转场等。

当创作者开始后期剪辑制作时，合适的节奏把控、色彩调整、音频选用，都是很重要的。比如，欢乐的短视频应该选择欢快的背景音乐，加快剧情的节奏，调高饱和度让画面更加生动，等等。

　　短视频的剪辑是一项需要不断学习和磨炼的技术，只有不断练习实践，才能真正提升自己的剪辑技巧。

6.2 精通故事叙述

一个好的短视频应该有一个引人入胜的好故事，我们身为创作者应该明白怎么通过精彩的故事吸引观众的注意力，利用情节的推进让观众产生情感上的共鸣。

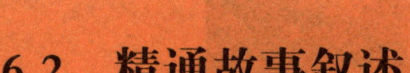

我们可以在短视频中设置一个引人入胜的开头，迅速吸引观众的注意，比如，在开头部分设置一个悬念或一个有趣的场景，或者将这条短视频的精彩部分剪辑出来放在开头，如图6-1所示。只要在开头吸引到观众，那么观众就很有可能看完整段短视频。

图 6-1

② 注重情感共鸣

观众容易与那些能够触动到自己的故事产生共鸣。比如，职场类短视频创作者可以将自己真实的工作场景呈现出来，让观众联想到自己工作时的状态，进而与创作者产生情感上的共鸣，如图 6-2 所示。

图 6-2

❸ 保持剧情简洁

受制于短视频的时间较短,故事情节必须要简洁明了。因此,在创作的时候我们要确定故事的主线清晰,可以有适当的反转,但不要太多,避免观众产生反感;要避免剧情上的拖沓、顾左右而言他、脱离主线等问题。

❹ 设置高潮部分

在故事中需要设置一个高潮部分,可以是一个决定、一场战斗或者一个感人的时刻等,给观众留下一个深刻的印象。比如,旅游类短视频可以将高潮设置为拍摄时遇到的精彩瞬间,如图 6-3 所示。

图6-3

❺ 结尾深刻有力

前面讲过，根据峰值定律，只要在高峰和结尾的部分能够让人感觉到愉悦，那么这个人的整段经历就都是愉悦的。因此，一个好的故事结尾应该给观众留下深刻的印象，可以是一个令人满意的结局、一个意外的反转，也可以是一个引人深思的开放性结尾。

6.3 保持内容连续

身为短视频创作者,我们要清楚,短视频内容的连续性对于一个账号来说是尤为重要的,它可以提高观众的留存率和黏性,增强品牌辨识度,促进内容传播,帮助创作者更好地规划和制作短视频。下面就从几个方面帮助大家把握内容的连续性。

① 建立规划

我们可以制定一个大概的内容计划,如后几期短视频的主题、内容梗概、拍摄场景等,每一期短视频的内容最好要相互关联,并且处在同一大类别之中。

② 建立固定形象

我们可以在短视频中建立一个固定形象,如一个人物、一件物品，甚至可以是一种声音，以此来让观众不断加深记忆。

❸ 关注热门话题

我们应该主动关注热门话题，让其与自身的账号特点相结合，并尝试制作相关的短视频，使之既不脱离自己熟悉的领域范围，也能够吸引关注这个热门话题的粉丝。

❹ 定期发布

我们需要定期发布短视频，以此保持粉丝和观众的关注度，同时也可以避免因为长期没有发布内容，导致账号权重被平台下调。

6.4 学会分析数据

分析各种数据是短视频创作者不可忽视的操作,可以帮助创作者了解受众群体的特点和表现,以此来优化创作内容和营销策略,提高短视频的质量,从而吸引更多的观众。

以小红书为例,在小红书平台的操作界面中有一个名为"数据中心"的功能,它包含了创作者的"账号概览""笔记分析""粉丝数据"等信息,如图6-4所示。我们在"数据中心"里的"粉丝数据"中,可以看到粉丝群体的"性别分布""年龄分布""城市分布"等信息,可以很好地帮助我们总结粉丝群体的共性。

不仅仅是小红书,在其他的短视频平台都有类似的功能,因此,善于使用数据分析工具,可以帮助我们更快地了解粉丝和观众群体,这样我们就能针对这些人制作更受他们欢迎的作品，从而快速提高我们的粉丝量。

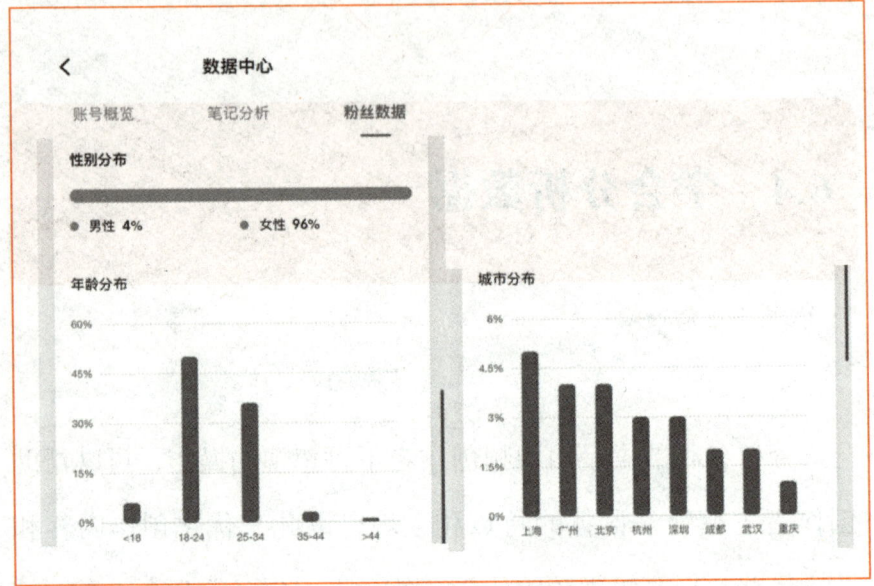

图6-4

6.5 多平台引流

在短视频这一领域中,粉丝数量对于创作者是至关重要的,短视频经济简单来说就是粉丝经济的一种体现。当我们还是新手时,最好是在某一适合的平台持续创作和发展,但是当发展到一定时期时,我们可能会面临瓶颈,粉丝量增长缓慢或不升反降。这时,我们可以通过多平台引流,有效扩大自己的粉丝群体,增加短视频账号的曝光率和影响力。下面,我们具体讲解一下多平台引流需要注意的事项。

选择合适的平台

每一个短视频平台的主流用户群体都是不同的,但同时,很多短视频平台都是包容性很强的。我们在之前已经选择了某个平台发展了一段时间,此时可以选择与自己已有的短视频作品相对比较契合的新平台。

比如，某生活类短视频的创作者，已经在抖音平台发展了一段时间，积累了一些粉丝，但自己感觉到了瓶颈期，想要在其他平台引流。他可以选择同样注重生活类短视频的快手，也可以选择比较依赖私域流量的微信视频号。

② 制作优质内容多平台投放

不论是在哪个平台投放自己制作的短视频，都必须要确保自己的短视频是高质量、有价值、有趣味性的，这样才能够吸引到更多的粉丝和观众。在我们实践的过程中，如果不确定自己的作品相对比较适合哪个平台，就可以将同样的短视频在不同平台同时投放，观察这个短视频在哪个平台的数据相对更好，找到答案之后就可以在这个平台深耕发展。

③ 保持各平台账号信息一致

如果我们想要在多个平台投放短视频，一定要注意保持各平台账号信息一致，包括头像、用户名、短视频封面等，这样可以让自己的老观众在新平台看到自己的账号时产生熟悉和亲切的感觉，也能提高个人IP的辨识度和影响力。

④ 积极维护多平台账号

我们要积极维护自己在不同平台上的账号，持续发布短视频、积极回复评论、与粉丝互动、参加话题挑战，这样就可以触及不同平台上更加广泛的受众群体,从而提升自己账号的知名度,做到多平台引流,最后将多个平台的流量汇总互通,提升自己的全网影响力。

6.6　巧用 AI 工具

近几年，AI 工具的功能迅速发展，逐渐影响了各行各业。在短视频领域，AI 工具也大有作为，如智能剪辑与编辑、AI 抠像、智能配音等。下面，我们就来了解一下在短视频方面应用 AI 工具的基本操作。

❶ 确定短视频主题与目的

在运用 AI 工具之前，我们需要确定短视频的主题，如旅游、美食、科技、教育等。这有助于我们后续的内容策划和风格选择，也将影响 AI 工具生成的内容和表达方式。

❷ 准备素材与文案

我们需要根据主题，准备好相关的图片、视频片段、音频等素材。我们可以从素材网站下载或者自己创作，也可以使用相应的 AI 工具根据需求生成各种素材。

我们还需编写短视频的文案，包括旁白、对话等；也可以用 ChatGPT、文心一言等 AI 工具快速生成文案，节省时间和精力。

❸ 进行剪辑与制作

首先，我们可以选择一个功能强大且易于使用的剪辑工具，如剪映、Adobe Premiere Rush 等。这些工具通常提供智能剪辑、字幕生成、配音等功能。

然后，我们将收集到的素材导入剪辑工具中，利用 AI 工具的智能剪辑功能，自动识别重点内容、分割视频、调整节奏和过渡效果；使用 AI 字幕功能，将文案转换成字幕并添加到内容中。

我们还可以利用 AI 配音工具，将文案转换成各种风格的配音。

❹ 优化与导出视频

我们根据需求调整短视频的分辨率、帧率、码率等参数，确保内容质量符合发布平台的要求。如果有需要，可以自由添加特效和音乐来增强短视频的表现效果。

完成优化后，将短视频按合适的格式导出即可。

除了上述操作步骤，目前还有一些 AI 工具可以实现一键生成短视频的功能，我们只需根据需求输入各种关键词即可，如图 6-5 所示。

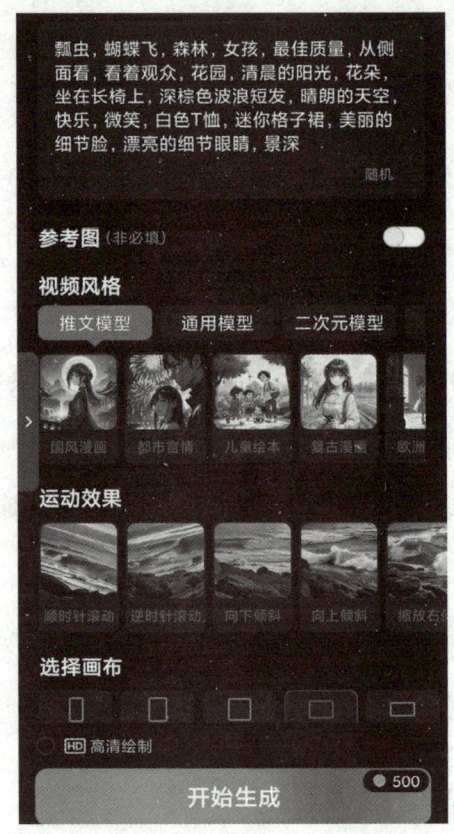

图 6-5

6.7 付费流量推广

大部分短视频平台都有付费流量推广的业务，只要善于应用，就能够让自己在短视频吸粉引流的过程中事半功倍。下面，我们具体举两个例子。

在抖音平台中，创作者在短视频发布之后点击短视频右下角的三个点图标，再点击里面的"上热门"，即可打开"DOU+上热门"页面，如图6-6所示。创作者可以从中选择增加粉丝量或增加点赞评论量等，具体可以根据自己的需求来选择，并进行相关推广设置，或者选择推荐套餐等。在支付了一定的费用后，平台就会将该短视频作品推送给相应用户。

图 6-6

② 薯条推广

在小红书平台，创作者如果想给自己的短视频增加热度，可以在短视频发布之后点击短视频右上角的三个点图标，点击里面的"薯条推广"，打开后里面分为速推版和标准版两种模式。创作者在速推版模式中只能简单地选择曝光人次，在标准版模式中可以选择自己想要增加的数据，如点赞收藏量、粉丝关注量等；选择好之后下方就会显示出需要支付的金额，支付之后平台就会开始推送了，如图6-7所示。

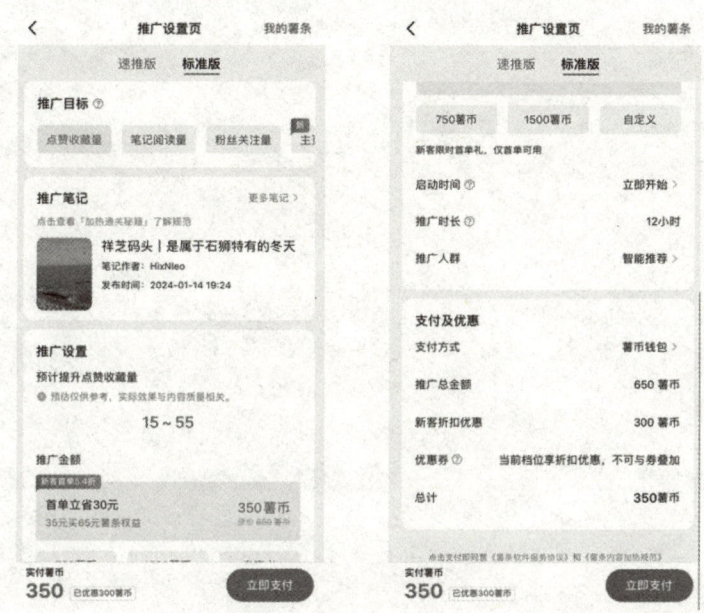

图6-7

除上述例子外，付费推广工具还有快手的"作品推广"、微信视频号里的"加热计划"等。虽然有付费推广工具可以帮助我们快速给自己的短视频增加热度，但是，只有先将自己的短视频质量提高了，才能够让更多人真正喜欢，否则，就算花再多的钱做推广也只是徒劳。

第 7 章 特殊时间节点吸粉策略

对于短视频创作者来说，一些特殊的时间节点往往更有利于融合造势，从而更高效地实现吸粉引流。比如，中国人对于传统节日的喜爱和氛围的营造源自几千年来传承的文化根基，各大传统节日也成为大众关注度最高的时段，人们的消费、社交等需求在这些时间节点显得更加强烈；并且，传统节日的时间节点非常明确，更有利于提前研究规划内容，以确保时效性，这便给短视频账号的吸粉引流带来了机会。下面，我们就来具体讲解一下运用特殊时间节点吸粉引流的策略。

7.1　春节吸粉策略

春节对于中国人来说是一个重大的传统节日，具有无可替代的重要地位。人们每年都会通过这个节日来辞旧迎新，表达对新年新气象的憧憬。因此，春节这一时间节点，非常适合通过制作具有节日氛围的短视频来"蹭"一波流量。短视频创作者可以精心提炼新春注意事项中的关键要点，如"春节到了！快来学十大春节社交礼仪""过年回家如何避免被催婚""过年回家必读小贴士"等，并采用极具吸引力的大字号标题进行包装呈现，如图7-1所示。

此外，不论是短视频的画面呈现，还是文案内容，都可以采用大量的春节相关元素进行装饰润色，凸显节日的气氛，表达对新的一年的美好祝福，从而达到吸引观众注意的目的。

春节元素主要包括"福"字、红色、灯笼、烟花、团圆饭等，如图7-2所示。

图7-1

图 7-2

7.2　情人节吸粉策略

情人节是祝福美好爱情的日子，也是情侣之间表达爱意的日子。在这个时间节点附近，适合在短视频中凸显浪漫元素。浪漫其实是一个比较虚幻的概念，没有什么明确的界定，需要依托一种氛围感的营造来表达。不过，大多数人说到浪漫，首先能想到的就是粉色、爱心、玫瑰、巧克力等元素，如图7-3所示。

此外，短视频创作者还需要注意对文案的把控，在文案中加入一些让人感到浪漫、温暖和幸福的话，如"回忆在冬夜隧道里慢放，是属于我们的时刻""日落是浪漫的，烟火气也是""无垠宇宙，只摘取玫瑰的誓言"……并且，从特效的运用到音乐的筛选，都要从贴合浪漫元素的方面着手，以此收获良好的吸粉效果。

图 7-3

7.3 端午节吸粉策略

端午节，作为我国传统节日之一，历史悠久，文化内涵丰富，大众关注度高。对于短视频创作者来说，在该时间节点发布相关内容更易吸引不同年龄层、不同地域的观众观看，能够更加容易地获取流量。端午节元素众多，最必不可少的就是粽子和龙舟，如图7-4所示。三角形和绿色也能让人很快联想到粽子，龙或流动的江水也能让人联想到龙舟，并且还有很多不同的元素搭配等待开发。短视频创作者可以直白地在短视频的标题、封面和内容中直接体现端午节的内容，如包粽子、吃粽子等，让人一眼就明确短视频的主题，更有利于吸引流量，如图7-5所示。

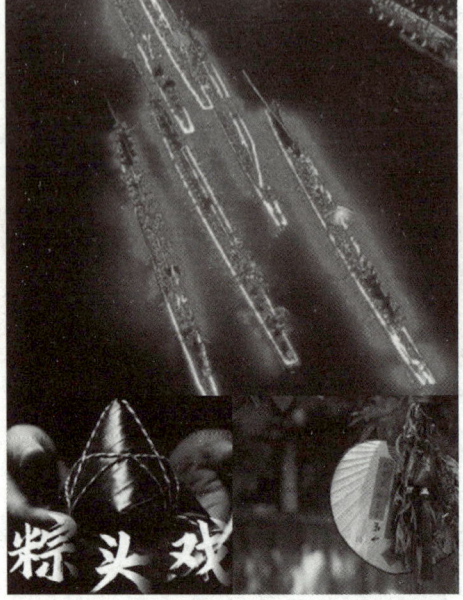

图 7-4

端午节，MoMo 的姥姥来了，小杨的姥爷来了

 ♡ 3280

图 7-5

7.4 中秋节吸粉策略

中秋节，作为我国传统节日之一，千百年来催生了许多脍炙人口的诗词，体现了中华民族深厚的文化底蕴，承载着人们浓浓的团圆和思念之情。每逢中秋佳节，人们相聚一堂，赏月、吃月饼、话家常，共同品味节日的美好，处处洋溢着温馨的氛围。因此，中秋节也成为许多商家绝佳的营销契机。在这个时间节点，短视频的标题、封面和内容可以更加贴合"团圆""思乡""赏月"等关键词，通过一些中秋元素，如月饼、玉兔、嫦娥奔月、圆月甚至圆形等，来表达一种阖家团圆、幸福美满的氛围，如图7-6所示。

图 7-6

此外，短视频创作者可以发起一些简单的挑战，提高粉丝的参与度，加深与粉丝的情感联结，如"中秋祝福大声说""月饼制作挑战"等；或者以出题的形式引发讨论，获得较多的评论和互动量，如图 7-7 所示。这样不仅能传递美好祝愿，还能增强粉丝的黏性和参与感，更能扩大自己短视频账号的曝光度。

第 7 章 特殊时间节点吸粉策略

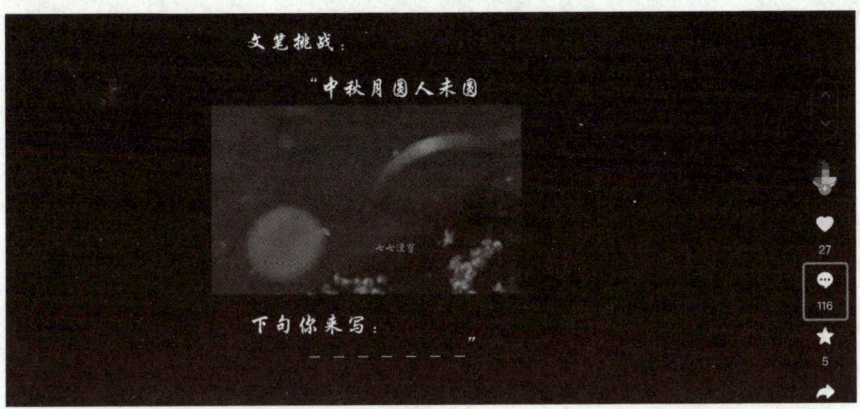

图 7-7

7.5 其他时间节点吸粉策略

前文所阐述的都是关于各个重大节日的吸粉策略，但是其实除了这些重大节日，还有很多极具影响力的时间节点可供我们参与讨论和借势引流，如"女神节""高考季""双十一"等都是不容错过的好时机。针对不同的时间节点更换不同的短视频主题和内容，根据自身定位和目标受众的需求来更合理地安排、规划内容，也是一种行之有效的吸粉途径。举例如下。

倘若你将自身定位为教育类博主，或者学习类、科普类博主，那么六月份、十二月份就是你可以重点把握的时机。每年六月都是备受全民瞩目的"高考季"，此时相关的短视频内容应该以鼓励为主，动员大家为考生营造良好氛围，激发学生的学习热情。要知道，暖心和鼓励的话语更能打动人，真诚才是最能够吸引人的秘诀。比如，短视频创作者可以分享一些高考状元的优秀事迹，或者讲述自己之前是如何度过高考这个阶段的，遇到瓶颈时自己的心态变化，等等；也可以制作一些放松有趣的短视频，介绍释放压力的小妙招等。十二月份通常是"考公考研季"，此时相关的短视频内容也应当以鼓励和加油为主。如果有一些针对不同科目的学习资源的分享，也能较好地吸引观众驻足。